PSICOPATOLOGÍA DE LA OBESIDAD MÓRBIDA TRAS LA CIRUGÍA BARIÁTRICA

Autores:

José Rodríguez Hurtado

Berenice Cantó Martínez

ISBN: 978-0-244-49000-3

ÍNDICE

0.- ABREVIATURAS

0. ABREVIATURAS

AC= Asa común

ACV = Accidente cerebro vascular

AD= Asa digestiva

ALADINO = Alimentación, Actividad física, Desarrollo Infantil y Obesidad

ASMBS = Sociedad Americana de Cirugía Metabólica y Bariátrica

BG = Bypass gástrico

BGL= Bypass gástrico laparoscópico

BGA = Banda gástrica ajustable

BMI = Body Mass Index

CD = Cruce Duodenal

CIDI = Composite International Diagnostic Interview

CIE-10 = Clasificación Internacional de las Enfermedades. Versión 10

CIE-11 = Clasificación Internacional de las Enfermedades. Versión 11

CPAP = Presión positiva continua en la vía aérea

CPI = California Psychological Inventory

CVRS = Calidad de vida relacionada con la salud

DBP = Derivación biliopancreática

DM = Diabetes Mellitus

DM2 = Diabetes Mellitus tipo 2

DSM-V = Diagnostic and Statistical Manual of Mental Disorders. Version V

EASD = Asociación Europea para el Estudio de la Diabetes

EE.UU. = Estados Unidos de América

ENRICA = Estudio de Nutrición y Riesgo Cardiovascular

ENSE = Encuesta Nacional de Salud Pública

ESEMeD = European Study of the Epidemiology of Mental Disorders

GIP = Péptido insulinotrópico glucosa-dependiente

GLP1 = Glucagón-like péptido

GVL = Gastrectomía vertical laparoscópica

HTA = Hipertensión arterial

IAM = Infarto agudo de miocardio

IC = Intervalo de confianza

ICC = Índice cintura-cadera

IDF = International Diabetes Federation

IFSO = Internacional Federation of Obesity Surgery

IMC = Índice de masa corporal

IOTF = Internacional Obesity Task Force

IPIP= The International Personality Item Pool

Kcal = Kilocalorías

Kg = Kilogramos

LDL = Lipoproteínas de baja densidad

m^2 = Metro cuadrado

MCMI-III = Inventario Clínico Mutiaxial de Millon

ml = minilitros

MMPI-2-RF = Minnesota Multiphasic Personality Inventory

NCS-R = National Comorbidity Survey- Replication

NEO PI-R= Personality Inventory-Revised

NICE = National Institute for Clinical Excellence de Reino Unido

NIH = National Institute of Health de EE.UU.

OCDE = Organización para la Cooperación y el Desarrollo Económicos

OMS = Organización Mundial de la Salud

OR = Odds Ratio

PAI = Personality Assessment Inventory

Pc = Puntuación centil

PEIMCP = Porcentaje de exceso de IMC perdido

PIMCP = Porcentaje de IMC Perdido

POMC = Vía leptina-propiomelanocortina

PSP = Porcentaje de sobrepeso perdido

SAHS = Síndrome de Apnea-Hipoapnea del sueño

SAOS = Síndrome de Apnea obstructiva del sueño

SCID-II = Structured Clinical Interview for DSM-IV Axis II

SCN = Síndrome de comedor nocturno

SECO = Sociedad Española de Cirugía de la Obesidad

SEEDO = Sociedad Española para el Estudio de la Obesidad

SHO = Síndrome de apnea-hipoventilación

SNC = Sistema nervioso central

SNS = Sistema Nacional de Salud

SM = Síndrome metabólico

SOS = Swedish Obese Subjects

TA = Trastorno por atracón

TAC = Terapia de aceptación y compromiso

TCC = Terapia cognitivo-conductual

TEP = Tromboembolismo pulmonar

UE = Unión Europea

1.- OBESIDAD: CONCEPTO Y GENERALIDADES

1.- OBESIDAD: CONCEPTO Y GENERALIDADES

1.1. Definición y clasificación

La incidencia de la obesidad ha experimentado un enorme aumento a nivel mundial en los últimos años. Sus consecuencias son altamente visibles debido a su alto impacto sobre la morbilidad, la mortalidad, la calidad de vida y los costes sanitarios que precisa tanto directa como indirectamente[1]. Se han producido importantes cambios en el estilo de vida junto a una disminución de la actividad física (principalmente relacionada con el trabajo), siendo ambos factores determinantes de su aumento en la población[2,3].

Se propaga a un ritmo alarmante tanto en países desarrollados como en países en vías de desarrollo. Aproximadamente un tercio de la población padece algún grado de obesidad. La Organización Mundial de la Salud (OMS), en su Nota descriptiva N° 311 de junio-2016[4] informa que, en 2014, más de 1900 millones de adultos de 18 o más años tenían sobrepeso (39% en total; 38% son hombres y un 40% mujeres), de los cuales, más de 600 millones eran obesos (13% en total, siendo un 11% hombres y un 15% mujeres). 41 millones de niños menores de cinco años tenían sobrepeso o eran obesos en todo el mundo. En África, el número de niños con sobrepeso u obesidad prácticamente se ha duplicado: de 5,4 millones en 1990 a 10,6 millones en 2014. En ese mismo año, cerca de la mitad de los niños menores de cinco años con sobrepeso u obesidad vivían en Asia. Se prevé que para 2020, a nivel global, alrededor de 60 millones de niños en edad preescolar tendrán un exceso de peso[5,6].

La obesidad no se valoró como enfermedad crónica hasta el año 1985, coincidiendo con la celebración de la Conferencia de Consenso del National Institutes of Health (NIH) de Estados Unidos de América (EE.UU.). Tanto la OMS como la International Obesity Task Force (IOFT) la han calificado como la "epidemia del siglo XXI", entre otros motivos, por la dimensión mundial que ha adquirido el problema. La OMS define la obesidad como el acumulo excesivo de energía en forma de grasa, fruto de la interacción entre el genotipo y el ambiente, que tiene efectos adversos en la salud y en la duración de la vida[7].

Está relacionada con múltiples factores como la constitución genética, el modelo familiar de nutrición, el metabolismo basal, el grado de estabilidad psicológica de la persona, además de componentes socioculturales y económicos.

La Sociedad Española para el Estudio de la Obesidad (SEEDO), según un documento publicado en 1996 y ratificado en el Consenso SEEDO de 2007[8] define la obesidad como una enfermedad crónica, multifactorial, que se caracteriza por un aumento de grasa, que a su vez se traduce en un aumento de peso. Aunque no todo incremento de peso corporal es debido a un aumento del tejido adiposo, en la práctica cotidiana el concepto se relaciona con el peso corporal. El porcentaje de grasa corporal y su distribución en determinados lugares anatómicos del organismo están relacionados con la morbilidad e incluso con la mortalidad a largo plazo, y se considera un factor de riesgo importante tanto por la adquisición de enfermedades físicas crónicas, como por las repercusiones emocionales y psicológicas que puede generar[9].

Con una etiopatogenia multifactorial, la obesidad se incluye en la categoría de Trastorno Somático (enfermedad endocrina, nutricional y metabólica) como un diagnóstico clínico en el Eje I de la Clasificación Internacional de Enfermedades (CIE-10), E66, susceptible de tratamiento[10].

Cada vez son mayores las demandas generadas por esta enfermedad, tanto en el número como en la complejidad de las mismas, por lo que la obesidad en todos sus grados se ha convertido en un problema sociosanitario de primer orden.

Existen muchos métodos para aproximarnos a la medición de la masa corporal (sobre todo en la investigación), como son la densitometría, ecografía, tomografía computarizada, resonancia magnética, etc. Pero en la práctica clínica generalmente se utilizan datos antropométricos, basados en la medición del peso y la talla, circunferencias y pliegues cutáneos. Estas mediciones sugieren distintos tipos de índices o medidas:

1. Índice de masa corporal (IMC), índice de Quetelet o Body Mass Index (BMI).

2. Circunferencias. Principalmente se consideran tres: 1) circunferencia de la cintura, 2) circunferencia de la cadera, 3) circunferencia del muslo.
3. Índice peso-talla o índice de Benn. Mide la masa corporal.
4. Pliegues cutáneos (tricipital, bicipital, subescapular, abdominal, muslo y pantorrilla). Se consideran una medida directa y sencilla para valorar los depósitos de grasa en determinadas regiones anatómicas.
5. Índice cintura / cadera (ICC). Mide la presencia de un exceso de grasa en el abdomen.

La herramienta más utilizada es el IMC, que consiste en dividir el peso en kilogramos entre el cuadrado de la talla expresado en metros.

IMC = Peso en kilogramos (Kg) / Talla en metros cuadrados (m^2)

Al mismo tiempo, y para comparar los datos que aporta este valor, se utiliza la circunferencia de la cintura (medida en el punto medio entre el reborde costal y la espina ilíaca anterosuperior con el paciente de pie), ya que la presencia de un exceso de grasa en el abdomen de forma desproporcionada con la distribución del resto de grasa corporal es un factor de riesgo independiente para la aparición de comorbilidades.

La OMS propone una clasificación cuantitativa de sobrepeso y obesidad basada en el IMC[7] (Tabla 1).

Tabla 1. Clasificación obesidad del peso y la según la OMS

Clasificación	Valores límite de IMC (Kg/m^2)
Normopeso	18,5-24,9
Sobrepeso	25-29,9
Obesidad grado I	30-34,9
Obesidad grado II	35-39,9
Obesidad grado III	IMC ≥ 40

La SEEDO amplía la clasificación fijando el límite inferior del peso normal en un IMC de 18,5 kg/m^2 y divide el sobrepeso en dos categorías[8]. También introduce un nuevo grado de obesidad (grado IV, obesidad extrema) para aquellos pacientes con un IMC $\geq$ 50 kg/m^2 que son tributarios de indicaciones especiales en la elección del tratamiento (Tabla 2).

Tabla 2. Clasificación del sobrepeso y la obesidad por la SEEDO según el IMC

Clasificación	Valores límite de IMC (Kg/m^2)
Peso insuficiente	< 18,5
Normopeso	18,5-24,9
Sobrepeso grado I	25-26,9
Sobrepeso grado II (preobesidad)	27-29,9
Obesidad tipo I	30-34,9
Obesidad tipo II	35-39,9
Obesidad tipo III (mórbida)	40-49,9
Obesidad tipo IV (extrema)	$\geq$ 50

Fuente: Elaboración propia a partir de Salas-Salvadó J, Rubio MA, y col. (2007)

Desde el punto de vista clínico, la Sociedad Española de Cirugía de la Obesidad (SECO) define la obesidad mórbida como una condición crónica, caracterizada antropométricamente por un IMC $\geq$ 40 y resistente al tratamiento no quirúrgico a largo plazo (constituido por diversas combinaciones de tratamientos dietéticos, farmacológicos y conductuales)[11,12]. En la década de los 90 el NIH[13,14] estableció una guía para el tratamiento de la obesidad mórbida que en la actualidad se conoce como Cirugía Bariátrica, convirtiéndose en la respuesta terapéutica de primera elección.

Son tres los objetivos principales que se plantean con el tratamiento quirúrgico[15,16]:

1. Pérdida ponderal del peso.
2. Curación/mejoría de las comorbilidades.
3. Mejora de la calidad de vida relacionada con la salud.

La obesidad también puede ser clasificada atendiendo a otros tres criterios, como son los siguientes:

1. La edad de aparición:

a) *Obesidad de inicio en la infancia o en la adolescencia.* Aunque el criterio más utilizado es el IMC, este valor no es siempre eficaz durante la infancia y se deben tomar otras alternativas para definir la obesidad en esta franja de edades. La mayoría de autores recomiendan el uso de los percentiles de las tablas normativas de peso y talla por sexos. La OMS sitúa el percentil 85 como el corte de sobrepeso. Otra alternativa es considerar obesidad infantil cuando se supera el 20% del peso que le corresponde para su talla, ya que suele ser rebelde al tratamiento[17].

b) *Obesidad del adulto.* Es más frecuente que la anterior y la edad de inicio se sitúa entre los 20 y 40 años.

2. La distribución celular de la grasa:

a) *Hipertrófica.* El aumento de grasa se debe principalmente al incremento de adipocitos, sin que se produzca un aumento de la cantidad. Este tipo se asocia a un mejor pronóstico[18].

b) *Hiperplásica.* Cuando existe un aumento de la grasa corporal secundario a un incremento en el número de adipocitos. Es más frecuente en épocas de crecimiento, tiene peor pronóstico y presenta más riesgo de complicaciones.

La distribución de la grasa tiene gran importancia a la hora de predecir las posibles complicaciones derivadas de esta enfermedad. Se distinguen dos formas clásicas de obesidad[19]:

a) *Androide, central o abdominal* (obesidad abdominovisceral o visceroportal): el exceso de grasa pude disponerse a nivel subcutáneo y a nivel perivisceral, siendo esta disposición la que se asocia con un incremento del riesgo. Se vincula con mayor riesgo de dislipemia, diabetes mellitus tipo 2 (DM2), enfermedad cardiovascular y mortalidad en general (síndrome metabólico). Es el tipo de obesidad más frecuente en hombres.

b) *Ginoide, periférica o femoroglútea*: la grasa se localiza básicamente en glúteos, caderas y muslos; este tipo de distribución se asocia fundamentalmente con alteraciones en el retorno venoso en extremidades inferiores y con artrosis de rodilla. Es más común en mujeres.

3. La causa que produce la obesidad:

a) *Primaria o exógena*. Abarca entre el 95 y el 99% del total con una causa multifactorial.

b) *Secundaria o endógena*. Incluye entre el 1 y el 5% restante. Dentro de ella las más frecuentes son las de origen endocrino y las provocadas por el efecto secundario de fármacos. Dentro de la obesidad de origen endocrino destacan los siguientes síndromes:

- Síndrome de Cushing.
- Síndrome del ovario poliquístico.
- Insulinoma.
- Hipogonadismos.
- Hipotiroidismos.

Otro tipo de obesidad secundaria es la de origen hipotalámico ya que el centro de la saciedad se encuentra en el hipotálamo ventral medial y el centro que controla la conducta alimentaria está situado en el hipotálamo lateral. Pueden producirse lesiones en el centro ventral medial por un traumatismo craneal, un tumor o una enfermedad inflamatoria[20].

1.2. Epidemiología

La obesidad ha crecido de forma sostenida los últimos 20 años, constituyéndose en un grave problema de salud pública. Es el quinto factor de riesgo de defunción en el mundo. Su alta prevalencia la sitúa entre las primeras enfermedades crónicas metabólicas tanto en los países desarrollados como en los que aún están en desarrollo[21,22,23]. Si bien el sobrepeso y la obesidad se consideraban anteriormente un problema propio de los países de ingresos altos, actualmente su aumento está siendo progresivo en los países de ingresos bajos o medianos, y en particular más en los entornos urbanos que rurales[24].

La prevalencia de la obesidad en la Unión Europea (UE) varia de un país a otro, dependiendo principalmente de factores socioeconómicos, pero en todos se está produciendo un aumento significativo[25]. El último informe de Eurostat (2016)[26] señala que más de la mitad de las personas mayores de 18 años (51,6%) no tienen un peso normal (un 35,7% padecen sobrepeso y 15,9% obesidad). No se observan diferencias significativas entre los dos sexos, siendo más alta la obesidad en los hombres en la mitad de los países, y en la otra, las mujeres. Cuanto mayor es el grupo de edad más aumenta la proporción de personas con obesidad. Mientras que un 5,7% de los adultos entre 18 y 24 la padecen, en el grupo de edad entre 65 y 74 años su prevalencia aumenta hasta un 22,1%. También se observan diferencias respecto al nivel educativo de las personas. A menor nivel educativo mayor es la proporción de obesidad. El porcentaje en aquellos de nivel bajo se sitúa en un 19,9%, disminuyendo a un 16,0% en los de nivel medio y un 11,5% en los de nivel alto. Rumanía es el país europeo con una menor prevalencia con 9,5%, mientras que Malta tiene la mayor (26,0%).

En EE.UU. la población adulta de obesos en el año 2011-12 alcanzaba el 34,9% del total[27]. De ellos un 6% tienen un IMC superior a 40 kg/m^2, una cifra que va en aumento, a pesar de los esfuerzos que se hace desde todos los ámbitos por cambiar esta situación. Esta tendencia es perjudicial ya que la obesidad predispone a padecer patologías que afectan prácticamente a todos los sistemas, como son: DM2, hipertensión arterial (HTA), dislipemia, síndrome de apnea obstructiva del sueño (SAOS), síndrome de hipoventilación-obesidad (SHO), accidentes cerebrovasculares (ACV), infarto agudo de miocardio (IAM), infertilidad, incontinencia urinaria, algunas neoplasias y enfermedades psiquiátricas, como depresión y ansiedad[28]. Debido a todas las enfermedades tanto físicas como psiquiátricas que se asocian con la obesidad, las personas que la padecen poseen un mayor factor de riesgo de padecerlas que el resto de la población[29,30].

Cuando estas patologías asociadas a la obesidad se presentan antes de los 40 años, la esperanza de vida disminuye considerablemente y más aún si estas personas consumen tabaco[31]. Se calcula que, en el mundo, cada año fallecen 2,8 millones de personas adultas como consecuencia del sobrepeso y la obesidad, de ellas entre el 10-13% se producen en Europa[32]. Se estima que en EE.UU. se producen 300.000 muertes anuales sólo debidas a la obesidad y si la tendencia sigue así la obesidad pronto desplazará al tabaco como primera causa de muerte en la población general.

En España, desde la primera Encuesta Nacional de Salud (ENSE) en 1987, los datos de obesidad siguen una línea ascendente en ambos sexos, más marcada en hombres que en mujeres. Mientras que en 1987 el 7,4% de la población de 18 y más años tenía un IMC $\geq$ 30 kg/m² (límite para considerar obesidad), en 2011 este porcentaje se sitúa alrededor del 17%[33].

Varios estudios nacionales como el ENRICA (2008-2010)[34] y el ALADINO (2011)[35] sitúan el porcentaje de población con sobrepeso entre el 26,2 y el 39,4%, mientras que el de la obesidad está entre el 18,3 y el 23%. El 0,79% de los hombres y el 3,1% de las mujeres entre 25 y 60 años presentan una obesidad tipo II y el 0,3% de los varones y el 0,9% de las mujeres una obesidad mórbida[36].

Los datos de la ENSE 2011/2012 (edición revisada en 2015)[33], indican que los lugares con mayor incidencia de la obesidad son: Ceuta (24,9%), Extremadura (21,6%), Andalucía (21,2%), Castilla-La Mancha (20,6%) y Murcia (20,2%); y las que menos Cantabria (11,1%), Navarra (11.2%) y Melilla (12,8%). En conjunto, sobrepeso y obesidad suponen el 54,7%. La obesidad es significativamente más prevalente en varones (18%) que en mujeres (16%), al igual que el sobrepeso que es mayor en hombres (45,1) que en mujeres (28,1). Si valoramos estos datos estaríamos frente a un problema de futuro, ya que la prevalencia de obesidad infanto-juvenil se estima en un 9,6 % y el sobrepeso en un 18,3%. En el grupo de varones, las tasas más elevadas se observan entre los 6 y los 13 años, en cambio en las chicas, se encuentran entre los 6 y los 9 años[17].

A nivel mundial no existen datos uniformes en cuanto a la tendencia por género. Las tasas de obesidad son más altas en las mujeres que en los hombres en países como Australia, Austria, Canadá, Inglaterra, Francia, Hungría y Suecia. En países como EE.UU., Italia y Corea, el aumento observado es similar entre hombres y mujeres[37]. En cambio, países de la Organización para la Cooperación y el Desarrollo Económicos (OCDE), las tasas de obesidad son abrumadoramente mayores en hombres que en mujeres[38]. Más del 50% de la población adulta de los países que constituyen dicha organización, padecen obesidad o sobrepeso.

1.3. Costes económicos de la obesidad

La obesidad ocasiona unos costes sanitarios tan altos que requiere de un gran análisis previo con el fin de evaluar y seleccionar unas adecuadas estrategias de manejo[39]. Es una enfermedad que consume enormes recursos sanitarios, con un gran impacto económico en todas las sociedades tanto desarrolladas como no desarrolladas, ya que es un factor de riesgo para el desarrollo de enfermedades como la HTA, DM2, ACV y cardiopatía isquémica cuyos costes asistenciales son muy elevados[40]. Una revisión publicada en 2011[41] aporta datos concretos sobre 19 estudios europeos que evaluaban el impacto de la obesidad en el coste de diversas enfermedades. En el caso de la Diabetes Mellitus (DM), la obesidad aumenta el coste sanitario en 812 euros anuales y en 454 euros en el caso de la DM2, siendo un 78% mayor el coste per cápita cuando se asocian ambas enfermedades[42].

En España, la obesidad es responsable de más del 30% del coste sanitario atribuible a problemas cardiovasculares, del 43% del atribuible a la DM2 y más del 32% del coste de las artropatías[43]. Supone un 7% del gasto sanitario total español, con costes que alcanzaban ya en 2011 los 2.800 millones de euros anuales[44,45].

En los países europeos supone un aumento del gasto sanitario per cápita del 20%, con un gasto farmacéutico que supera al de las personas con normopeso en un 68%[41,46].

La obesidad ha resultado también ser responsable de un aumento de costes y empeoramiento de los resultados de múltiples procedimientos quirúrgicos, desde una simple apendicitis, o la colocación de una prótesis ortopédica hasta un trasplante de órganos[47].

Debido al problema que representa la obesidad en el primer mundo (y cada vez mayor en los países en vías de desarrollo) las autoridades sanitarias y la comunidad científica deben diseñar políticas de salud y de educación en la población para prevenir y tratarla. Se necesita que los tratamientos actuales (cambios de hábitos, fármacos y cirugía) y los que estén por venir, demuestren, al igual que una gran eficacia clínica, una rentabilidad económica en forma coste-efectividad[48]. De ahí se desprende la importancia de prevenir la obesidad en todos sus ámbitos, y en concreto en la población infantil. El diseño de estrategias eficaces de hábitos saludables como una educación alimentaria y el aumento de la actividad física probablemente sean las formas más idóneas de reducir los costes económicos futuros de la asistencia médica de un paciente obeso[49].

1.4. Etiología y Fisiopatología.

1.4.1. Generalidades

La obesidad es una patología crónica multifactorial provocada por la interacción de causas ambientales y el genotipo individual. Su mecanismo fisiopatológico tiene su origen mayormente en la herencia (se estima que alrededor del 70%) explicando los factores ambientales el resto[50] (Tabla 3).

Tabla 3. Factores etiológicos de la obesidad

Factores	Etiología
Metabólicos y endocrinos	Hiperinsulinismo, hipotiroidismo, etc.
Genéticos	Alteraciones y disfunciones.
Reproductivos	Menopausia, etc.
Sociofamiliares	Momentos y actos sociales, costumbres, estilos educacionales, etc.
Estilos de vida	Sedentarismo, sueño, consumismo, etc.
Psicológicos	Depresión, ansiedad, impulsividad, etc.
Farmacológicos	Antidepresivos, contraceptivos, etc.

Fuente: Elaboración propia a partir de Baqai N, Wilding J.P. Pathophysiology and aetiolgy of obesity. Medicine, 2015; 43:73-76

Los cambios en el estilo de vida con tendencia hacia el sedentarismo, junto al aumento calórico de la ingesta, son probablemente los principales responsables ya que la dotación genética apenas ha variado de una generación a otra en las últimas décadas[51].

La obesidad resulta de una acumulación excesiva de grasa corporal al producirse un desequilibrio entre la ingesta y el gasto energético. Las reservas de grasas aumentan en forma de triglicéridos en el tejido adiposo conforme obtenemos calorías sobrantes en el día a día. Todos los nutrientes, mediante la vía metabólica de la oxidación pueden utilizarse como energía o pueden destinarse al almacenaje. Los primeros en metabolizarse son los carbohidratos, luego las proteínas y por último las grasas. Cuando se consumen carbohidratos junto a grasas, es de los primeros de donde el cuerpo obtiene la mayor parte de la energía, tendiendo a almacenar las grasas, ya que precisan un gasto de energía mayor en su oxidación. Posiblemente el cociente grasas / carbohidratos sea el responsable del incremento del peso. Según el índice glucémico que poseen, encontramos carbohidratos con un valor alto como el arroz, la pasta, pan, patata y cereales refinados, que se asocian a una mayor tasa de liberación y resistencia a la insulina. Mientras que los de menor índice glucémico como las verduras, frutas y cereales integrales, aportan menos calorías, facilitan la oxidación de grasas y proporcionan mayor saciedad[52].

Los patrones de respuesta del sistema nervioso central (SNC) sobre la ingesta son variados y en su control, muy relacionado con el apetito, intervienen señales neuroendocrinas que provienen tanto del cerebro como del tubo digestivo[3].

Encontramos diversas sustancias en la base de estos mecanismos, identificando dos ejes principales: el eje *enteroencefálico - endocrino* y el eje *entero - insular*. Son varias las sustancias intervinientes en cada eje[53].

En el primero identificamos 4:

1. *Grelina*: Se conoce como "la hormona del hambre" estimulando el apetito. Se produce en las células P / D1 del fundus gástrico y facilita la liberación en el hipotálamo de precursores de la hormona del crecimiento y del neuropéptido Y. En las personas con normopeso los niveles de grelina aumentan antes de las comidas y disminuyen tras la ingesta. Por contrapartida se conoce que en los obesos los niveles de esta hormona son menores que en los delgados, y tras la ingesta no disminuye significativamente manteniendo el apetito por lo que continúan comiendo.

2. *Neuropéptido Y:* Actúa potenciando el apetito y es uno de los péptidos más abundantes en el cerebro.

3. *Péptido YY:* Esta sustancia es secretada principalmente en el colon y en el íleon terminal, en respuesta a la presencia de nutrientes. Tiene la función inhibitoria del apetito, ya que disminuye la motilidad intestinal ejerciendo un feed back negativo sobre el neuropéptido Y a nivel central.

Es lo que se conoce como "freno ileal", mecanismo que provoca la finalización de la ingesta después de la comida al suprimir el apetito.

4. *Leptina:* Contrarresta a la grelina y al neuropéptido Y a nivel del hipotálamo[54].

En el *eje entero-insular* encontramos las *creptinas*, implicadas en la síntesis, secreción y regulación de la insulina. Con la obesidad se produce alteraciones significativas de estas sustancias. Hay dos principales:

1. *Péptido insulinotrópico glucosa-dependiente (GIP):* la glucosa intraluminal estimula su liberación y ésta a su vez estimula la secreción y liberación de insulina en las células beta-pancreáticas.

2. *El glucagón-like péptido* (GLP1): estimula la secreción de insulina en el páncreas, inhibe la secreción de glucagón y reduce a nivel del sistema central el hambre y con él la ingesta. Forma parte del "freno ileal" al liberarse en respuesta a la presencia de nutrientes.

Los desequilibrios calóricos que se producen en la infancia pueden prolongarse en el tiempo provocando sobrepeso y obesidad. En los primeros años se crean los principales hábitos alimenticios, patrones de consumo y de actividad.

Como se sabe son muchos los factores que intervienen en la etiología de la obesidad, destacando dos tipos principalmente:

-Factores ambientales:

-Aumento de la comida "fast food" (comida rápida). La introducción de nuevos hábitos alimenticios depende de la economía, educación, cultura o religión, e incluso, de la situación geográfica, produciendo cambios en la dieta y con ello el aumento de la ingesta de calorías[55]. En todo el planeta, la comida rápida se ha convertido en un enorme negocio que aumenta casi el 5% anualmente. Se calcula, por ejemplo, que únicamente en EE.UU. se dedican al año a su consumo 51.400 millones de euros. La cifra en España se sitúa en 956 millones de euros[56]. Respecto al gasto en publicidad, los datos también son alarmantes. Las empresas de refrescos y comida rápida gastaron en EE.UU. más de 1.100 millones de dólares en 1998, mientras que el gasto publicitario de la campaña

de vegetales que realizó el Instituto Nacional de Salud de dicho país fue de 1 millón de dólares[57].

-El sueño. Influye tanto la calidad como la cantidad. El sueño ayuda a regular las llamadas "hormonas del crecimiento" (leptina, grelina, insulina, cortisol, etc.) y con ello la homoestasis de la energía. Algunos estudios indican que dormir pocas horas, así como alterar los patrones sueño / vigilia favorece el riesgo de sobrepeso ya que disminuye la secreción de leptina y aumenta la grelina, aumentando el apetito[58,59].

-La supresión del hábito tabáquico o la administración de algunos medicamentos (antidepresivos tricíclicos, anticonvulsivantes, insulina, contraceptivos orales), pueden producir obesidad[60].

-La menopausia y la paridad también influyen en la aparición de esta enfermedad. La disminución de los niveles de estrógenos y progesterona favorece el sobrepeso. La redistribución y aumento de la grasa abdominal en esta etapa es una de las causas de obesidad en la mujer[61].

-Nuevos estilos de vida. La tendencia hacia el sedentarismo, la utilización excesiva del coche, la disminución de la actividad en el trabajo, los actos sociales y tradiciones de consumo abusivo, etc. son factores que en la actualidad favorecen la ganancia de peso al aumentar la ingesta y disminuir el gasto energético.

-Factores genéticos:

La obesidad no se genera a partir de un gen por lo general, sino que requiere normalmente un grupo de genes. A pesar de que el material genético no es modificable, existen estímulos que pueden modificarlo, sobre todo en la interacción con el medio (a modo de ejemplo: sí en la etapa infantil ofrecemos alimentos ricos en grasas a un niño, puede favorecer la expresión del gen involucrado en el aumento de la apetencia de este tipo de alimentos, generando un aumento de peso con el tiempo). La patología será más grave y precoz, cuanto mayor sea el número de genes anómalos o genes de susceptibilidad que presente el paciente[62]. Existen dos tipos de obesidad según el número de genes intervinientes:

1- La obesidad monogénica. La mayor parte de los casos corresponden a alteraciones de la vía leptina-propiomelanocortina (POMC). Es poco común en humanos, pero las mutaciones de los genes que afectan a esta vía conllevan a una obesidad manifiesta. En la obesidad extrema se han encontrado diferentes niveles mínimos de leptina, así como niveles muy altos del gen del receptor de leptina[63]. El síndrome de obesidad monogénico más frecuente en humanos es el provocado por el gen de melacortina4, entre 0,5-6% de casos.

Algunos síndromes conocidos se asocian a un origen monogénico como son: síndrome de Cushing, los de origen hipotalámico por traumatismos, tumores o infecciones y algunos síndromes genéticos de baja incidencia (síndrome de Prader-Willi, de Alstrom, de Carpenter, de Cohen, de Laurence-Moon-Bardet-Biedl).

2- Los Polimorfismos genéticos. Son mucho más frecuentes[54]. El número de genes y regiones cromosómicas implicadas en la obesidad son de casi 430, entre estos destacamos algunos por su importancia:

- *Receptores β adrenérgicos*: la mutación Trp64Arg, junto a otros genes, puede contribuir al desarrollo de obesidad abdominal, gasto energético más bajo, DM2 y resistencia a la pérdida de peso.

- *Gen de la enzima convertidora de angiotensina*: este gen, expresado en el tejido adiposo, contribuye al crecimiento y diferenciación del adipocito. La disfunción en su expresión provoca en los hombres adiposidad abdominal y sobrepeso.

- *Gen del factor de necrosis tumoral (TNFα)*: se localiza en el cromosoma 6. Su alteración afecta al metabolismo lipídico predisponiendo a una inmuno-resistencia que se asocia con la obesidad.

1.4.2. Aspectos etiopatogénicos de la obesidad en la infancia-adolescencia y en mayores de 65 años.

1.4.2.1. Infancia y adolescencia.

La obesidad en la infancia presenta unas características concretas para su definición, ya que el IMC varía según la edad, el sexo y sobre todo del estado madurativo de los menores. Sus características son similares a las del adulto, pero al tratarse de individuos en proceso de desarrollo cobran una especial relevancia, ya que la obesidad que se inicia en la infancia puede tener peores consecuencias que la obesidad que se inicia en la edad adulta[64]. Y sobre todo porque el 30% de los adultos obesos lo empezaron a ser en las edades tempranas. Se estima que si la obesidad aparece antes de los 7 años el riesgo de padecerla siendo adulto es del 40%, si se obtiene entre los 8-13 años el riesgo aumenta hasta el 70% y si ocurre en la adolescencia alcanza el 80%[65,17].

España representa uno de los países europeos con mayor prevalencia de obesidad infantil, a pesar de que su aumento haya sido leve desde 1987. Dos son las fuentes de datos más recientes que señalan este aspecto:

1- Los datos del estudio de ALADINO (2011)[35], en donde se indica que un 30,8% de los niños entre los 6 y 10 años tienen un exceso de peso, y obesidad un 16,8%, siendo más elevada en el subgrupo de los varones (15,6%) que el de las mujeres (12,0%).

2- Los datos del Sistema Nacional de Salud (SNS), revisados en 2015[33], para la población infantil (2-17 años), que señalan un 18,3% de sobrepeso (16,9% en niñas y 19,5% en niños) y un 9,6 de obesidad (9,6 en niñas y 9,6 en niños). Para establecer estos datos se han utilizado puntos de corte del peso publicados por Cole TJ et al. (2000)[66].

En Europa, la prevalencia de sobrepeso y obesidad en niños de 7 a 11 años oscila del 10 al 35% y en adolescentes del 9 al 23%[17].

La "Guía de Práctica Clínica sobre la Prevención y el Tratamiento de la Obesidad Infanto-Juvenil" (Ministerio de Sanidad 2012)[67] define el sobrepeso infantil como un IMC > Puntuación centil (Pc) 90 y obesidad un IMC > Pc 97, en donde el valor de corte del sobrepeso es de Pc 85/90 y de la obesidad de Pc 95/97. Para la obesidad mórbida en la infancia y adolescencia se proponen límites de +3 desviaciones estándar del IMC o del 200% de peso ideal, aunque su consenso todavía no está extendido.

La OMS también establece unos criterios para definir la obesidad y el sobrepeso en niños entre 5 y 19 años[4], y son:

- el sobrepeso es el IMC para la edad con más de una desviación típica por encima de la mediana establecida en los patrones de crecimiento infantil de la OMS.
- la obesidad es mayor que dos desviaciones típicas por encima de la mediana establecida en los patrones de crecimiento infantil de la OMS.

Podemos dividir las causas etiológicas de la obesidad infanto-juvenil en dos tipos:

-**Causas endógenas.** Su causa es orgánica, suelen ser raras y se asocian a diferentes tipos de enfermedades:

- *Síndromes genéticos.* Destacan el Bardet-Biedl y Cohen, el de Down, el Padrer-Willi y el Carpenter.
- *Causas endocrinas:* Síndrome de Cushing, hipotiroidismo, hiperinsulinismo, hipogonadismo, hipopituitarismo.
- *Causas psicológicas:* Se refieren a los trastornos de la conducta alimentaria por sí mismos y no a las comorbilidades psiquiátricas que requieren otro tipo de abordaje, como la bulimia y trastorno por atracón (TA).
- *Otras:* Se asocian a otras patologías como tumores del SNC, encefalopatías, distrofias musculares, trastornos de la movilidad, etc.

-**Causas exógenas.** Los cambios en algunos determinantes sociodemográficos son los principales responsables del aumento de la obesidad en esta población de edad. La mayor disponibilidad de alimentos inadecuados, tanto en cantidad como en calidad, y los cambios en el estilo de vida aumentando el sedentarismo han provocado su drástico crecimiento. A esto se le une en muchas zonas un bajo nivel educativo en donde se cambian hábitos hasta ahora saludables como son: la disminución en el consumo de frutas y verduras, el aumento en el consumo de bollerías, refrescos azucarados y embutidos, abuso de lo que se ha venido a llamar "comida basura", la reducción de la actividad física diaria a través del juego sustituyéndolo por excesivas horas de televisión y actividades pasivas como el uso de ordenadores, videojuegos y tabletas, etc.

Es muy importante prevenir la obesidad en la infancia debido a las complicaciones que se derivan de ella. Aparte de las que se puedan adquirir en una vida adulta, encontramos algunas específicas como son[68]:

-Las que inciden en el desarrollo psicomotor: epifisiólisis de la cabeza del fémur, la tibia vara, el genu valgo.

-SAOS

-DM2.

-Complicaciones cardiovasculares.

-Complicaciones psicológicas: sobre todo las referentes a la autoestima, ya que estos niños y adolescentes perciben y sienten un rechazo de sus iguales en un contexto en donde los cánones de apariencia física son tan estrictos. El sentirse diferentes por un aspecto físico que no gusta les causan sentimientos de inaceptación e inadecuación. Los adolescentes obesos presentan más estrés y síntomas psiquiátricos que los iguales con normopeso[69,70].

Tanto la valoración clínica como el tratamiento de la obesidad en estas edades pasa principalmente por incidir en la prevención como medida principal, tanto en los menores como en las familias y desde todos los ámbitos (sanitario, educativo y social)[71]. Las principales estrategias son:

-*Prevención universal*, destacando la promoción de la lactancia materna, el control y aplicación de normas dietéticas (sobre todo a partir de los 3-4 años) y la promoción de la actividad física.

-*Detección de la población de riesgo o prevención selectiva*. Hay que identificar los antecedentes familiares, ya que si uno de los padres es obeso el riesgo de ser obseso en la edad adulta se triplica, y si son ambos la *odds ratio (OR)* se incrementa en más de 10^{67}. Antes de los 3 años de edad la obesidad de los padres es más predictiva de la obesidad futura que el propio peso. Después de los 10 años disminuye el valor predictivo de la obesidad de los progenitores. Los periodos críticos para adquirir la obesidad son el primer año, antes de los 6 años y la adolescencia.

-Tratamiento. Un programa multidisciplinario que combine la restricción dietética, el aumento de la actividad física, la educación nutricional y la modificación de conductas constituye el instrumento más efectivo para el tratamiento de esta enfermedad[72]. El objetivo pasa por mantener o perder peso en función de la edad, el IMC y la presencia de comorbilidades o factores de riesgo. Aunque no se recomienda de forma generalizada el tratamiento farmacológico hay quienes utilizan el orlistat asociado a suplementos de vitaminas liposolubles, y para los menores con resistencia a la insulina se puede utilizar la metformina[73].

1.4.2.2. Mayores de 65 años

Si la obesidad es una enfermedad crónica que provoca numerosas complicaciones en el desarrollo de la vida, cuando se llega a la tercera edad estos riesgos aumentan exponencialmente. En la última década la prevalencia de la obesidad en los mayores alcanza cifras cercanas al 40%[74].

Normalmente la obesidad se adquiere en edades anteriores por lo que las comorbilidades asociadas ejercen una disminución de la calidad de vida muy alta que, en estas edades, condiciona de forma notable la vida cotidiana en todas sus áreas (personal, familiar y social). Destacan las complicaciones pulmonares ya que son muy frecuentes en los ancianos obesos; el peso de la grasa en la pared torácica y la resistencia a la motilidad del diafragma afectan de forma negativa al sistema respiratorio[75].

La polimedicación en estas edades, debido al tratamiento de las enfermedades asociadas al deterioro orgánico, dificulta en muchos casos el abordaje de la obesidad desde un solo punto de vista clínico.

Con el paso de los años las capacidades físicas disminuyen y con ello buena parte de la movilidad, favoreciendo la resistencia de la pérdida de peso y dificultando el tratamiento.

Los estudios indican que los mayores con obesidad mórbida, tras el tratamiento quirúrgico, pierden menos peso que el resto de los pacientes, aunque mejoran significativamente todas las comorbilidades[76]. La mejora de la movilidad y la autonomía del paciente, normalizando la supervivencia, se consideran objetivos prioritarios en este grupo de edad.

1.5. Enfermedades asociadas: repercusión clínica.

La obesidad constituye, por sí sola, un factor de riesgo para la salud. Se ha demostrado que influye tanto directa como indirectamente en el desarrollo de enfermedades orgánicas y psicológicas, colaborando en la reducción de la esperanza de vida (se conoce que aproximadamente disminuye 3 años en personas con sobrepeso, 6 años en personas obesas y 10 años en personas obesas mórbidas)[77]. Del mismo modo actúa como un factor que facilita el empeoramiento de la calidad de vida. Son numerosos los problemas que provoca, tanto personales como de movilidad y relación social, así como laborales e incluso sexuales[78].

En la forma de cómo evolucionan este tipo de pacientes influyen tres factores principales: el grado de obesidad, el tiempo de evolución de la misma y la edad[79]. A más grado de obesidad, mayor edad y más años mantenida, mayor es el riesgo de padecer enfermedades asociadas y sus complicaciones. De este modo los pacientes mayores presentan más comorbilidades que el resto de la población, siendo las más frecuentes en este grupo de edad la HTA, la DM2, la dislipemia, el SAOS y la osteoartropatía de sobrecarga. Se ha comprobado que, con el mismo tiempo de evolución, los pacientes mayores tienen un más alto riesgo de morbimortalidad por la patología asociada que los más jóvenes, sobre todo a partir de los 50 años, y más aún cuando se supera la barrera de los 65 años[76]. De igual modo, el riesgo de muerte prematura en la edad adulta se incrementa si se trata de un obeso que empezó siéndolo de adolescente[80].

En la actualidad, existen numerosos estudios con evidencia científica donde se asocia el sobrepeso y la obesidad a una mayor prevalencia de enfermedades orgánicas crónicas y, del mismo modo, con una mayor morbimortalidad[81]. Se ha demostrado que la mortalidad es 12 veces superior en hombres de 25 a 34 años con obesidad mórbida respecto a hombres sanos de la misma edad[82]. Se estima que la mortalidad empieza a aumentar cuando el IMC supera el valor 25. Los individuos con IMC superior o igual a 30 presentan un aumento aproximadamente entre el 50% y el 100%, tanto de la mortalidad total como de la debida a enfermedades cardiovasculares, respecto a la población con IMC entre 20-25[83].

Como hemos visto, el pronóstico para la aparición de enfermedades es alto, tanto en la obesidad como en su forma extrema, la obesidad mórbida. Sin embargo, cuando ésta se trata y se corrige mejoran la mayoría de ellas. A continuación, se describen las enfermedades asociadas más significativas.

1.5.1. Morbilidad orgánica

Entre las complicaciones orgánicas más frecuentes de la obesidad encontramos las siguientes:

> ➢ *Alteraciones cardiovasculares:*

La obesidad actúa como factor de riesgo para la enfermedad cardiovascular, sobre todo de distribución androide o abdominal, produciéndose a través de varios factores.

HTA: Aproximadamente entre el 65 y el 75% del riesgo de padecer HTA se puede atribuir directamente al exceso de peso. A pesar de ello todavía cuesta establecer los mecanismos patógenos que lo producen. Uno de los principales factores que podrían estimular el sistema nervioso simpático en la obesidad es la hiperleptinemia, producida por los adipocitos, y cuyos niveles se incrementan proporcionalmente al de los adipocitos. El IMC se correlaciona directamente con la masa ventricular izquierda y también con los grosores de la pared del ventrículo izquierdo y del diámetro diastólico de su cavidad; por lo tanto, estos pacientes se encuentran más predispuestos a presentar insuficiencia cardiaca, existiendo además una clara relación entre la obesidad y la hipertrofia del ventrículo izquierdo y el aumento de la morbimortalidad cardiovascular[84].

Cardiopatía isquémica: La cardiopatía isquémica es una afección frecuente en estos pacientes. La alta presencia crónica de hipercolesterolemia e hipertrigliceridemia de larga evolución, junto a la DM2 y el síndrome de hipercoagulabilidad de la sangre favorecen el riesgo de padecer esta enfermedad. La predisposición a las obstrucciones coronarias provoca los infartos de miocardio o muerte súbita, convirtiéndose en la segunda causa de muerte precoz en este grupo de población[85].

Estasis venosa con hipercoagulabilidad: El aumento de las cifras de fibrinógeno junto a la circulación venosa lenta favorecen la aparición de trombosis venosas, tromboflebitis y en ocasiones accidentes tromboembólicos, especialmente tromboembolismo pulmonar (TEP), que son la primera causa de muerte precoz de los pacientes obesos[86].

Hiperuricemia: existe una correlación positiva entre los niveles de ácido úrico con el IMC y el ICC, siendo el aumento del ácido úrico un factor de riesgo cardiovascular.

> *Alteraciones metabólicas y endocrinas:*

Alteraciones en el metabolismo lipídico: en la obesidad central se produce una alteración del metabolismo lipídico, que contribuye junto con la resistencia a la insulina, a la producción de los demás factores del síndrome metabólico (SM) del obeso o síndrome X[87].

El SM se caracteriza por la presencia de resistencia a la insulina que desencadenará el desarrollo de diversas enfermedades[88]. Se cree que la grasa parda o intraabdominal (epiplones y mesos) puede favorecer esta resistencia insulínica. Para considerar que un paciente padece el SM se siguen los criterios de la International Diabetes Federation (IDF)[89], y ha de presentar:

- Obesidad central o abdominal, que se mide por el perímetro abdominal y ha de ser, en nuestro medio, superior a 94 cm. en los hombres y a 80 cm. en las mujeres.

Y ha de tener como mínimo, dos de las siguientes enfermedades asociadas:

- Dislipemia (hipertrigliceridemia > 150 mg/dl, hipercolesterolemia HDL < 40 en hombres o < 50 en mujeres, o ambas).
- HTA (> 130/85).
- DM2 (glicemias > 100 mg/dl).

El SM se considera un factor de riesgo de morbimortalidad independiente, especialmente por el alto riesgo cardiovascular que comporta[90]. La incidencia de hipercolesterolemia y de las demás alteraciones guarda una relación directa con el IMC y el ICC.

Dislipemias: las alteraciones del perfil lipídico observadas en personas con obesidad visceral se deben a las alteraciones de la homeostasis, de la glucosa y la insulina. Las alteraciones más características son la hipertrigliceridemia y la disminución del colesterol HDL. Se han propuesto varias causas para su desarrollo como son[91]:

-la alteración que se produce en la dieta de estos pacientes (aumento de ingesta calórica especialmente por incremento de grasas saturadas)
-con la aparición de la obesidad y, especialmente, con la grasa parda intraabdominal, se facilita la producción de colesterol endógeno y de triglicéridos de cadena larga.

Entre el 40-60% de la población adulta en el mundo tiene niveles patológicos de colesterol (el 32% en los hombres y el 27% en mujeres, siendo más frecuente en hombres mayores de 45 años y mujeres mayores de 55 años). Las muertes que se producen por dislipemias debido a su efecto cardiovascular supera los 4 millones en todo el mundo[92].

Aunque es difícil de tratar esta enfermedad se ha visto que cuando los obesos pierden peso mejora la dislipemia y se corrige en la mayoría de los casos (80%) si se consigue un IMC < 30. Por contrapartida, en los pacientes que no se han tratado las dislipemias favorece la aparición de cardiopatía isquémica y de HTA.

Hiperglucemia: la obesidad favorece la aparición de resistencia a la insulina aumentando los niveles de glucemia y predisponiendo a la aparición de DM2. Cuanto mayor es el IMC y la duración de la obesidad el riesgo de padecer esta enfermedad aumenta considerablemente[93]. La prevalencia de DM2 en la población obesa adulta mundial es muy alta. Si en 2010 superaba el 60% se prevé que para el 2030 pase a ser del 77% del total[94,95].

Otras alteraciones endocrinas: en las mujeres con obesidad se presentan alteraciones hormonales, especialmente por aumento en la producción androgénica, provocando entre otras cosas hirsutismo, acné, alopecia androgénica, y alteraciones ginecológicas como alteraciones de la fertilidad y oligoamenorrea. En el varón obeso se ha descrito una mayor prevalencia de oligospermia, impotencia, disminución de la líbido, así como valores menores de testosterona[96]. Muchos pacientes con obesidad mórbida presentan hipotiroidismo subclínico, precisando de tratamiento preoperatorio para conseguir una mejor evolución.

> *Alteraciones respiratorias:*

La obesidad, sobre todo la de distribución central, produce alteración en el funcionamiento de los músculos respiratorios[97]. El exceso de grasa ejerce una presión sobre el diafragma, produciendo una alteración de los volúmenes pulmonares. Las complicaciones más importantes son dos:

1.Síndrome de hipoventilación de la obesidad (SHO): Se define como una combinación de obesidad (IMC ≥ 30 kg/m2) e hipercapnia diurna ($PaCO_2$ > 45 mmHg), provocando somnolencia diurna, disnea y síntomas de insuficiencia cardíaca congestiva[98].

2.Síndrome de hipoapnea del sueño (SAHS): Se define como un cuadro clínico que produce somnolencia, trastornos neuropsiquiátricos y cardiorrespiratorios secundarios a alteración anatómico-funcional de la vía aérea superior que conduce a episodios repetidos de obstrucción de la misma durante el sueño, provocando descensos de la saturación de oxígeno y despertares transitorios que impiden el sueño reparador.

La forma más avanzada es el SAOS en el que los pacientes, cuando duermen, presentan episodios frecuentes de falta de estímulo respiratorio de más de 10 segundos de duración que conllevan apneas prolongadas, que terminan con un despertar súbito y angustiado que les impide descansar de forma crónica. La hipoapnea se asocia a apneas cortas y esfuerzos respiratorios que despiertan a los pacientes en repetidas ocasiones durante el sueño. El SAHS es muy frecuente entre los obesos mórbidos, desapareciendo tras la pérdida del peso en más de un 75% de los pacientes[99].

> *Alteraciones digestivas:*

Las alteraciones más comunes son la *coleliatiasis biliar, hígado graso, hernia de hiato y reflujo gastro-esofágico.* La alta saturación de colesterol en la bilis, junto a un aumento de los triglicéridos que conlleva la obesidad produce la aparición de colelitiasis biliar, por lo que su incidencia aumenta en relación al aumento de IMC. La frecuencia de aparición en obesos es de 20% en mujeres y un 10% en hombres[100].

La obesidad actúa como factor de riesgo en el desarrollo del reflujo gastroesofágico. Se produce una hipotonía del esfínter esofágico inferior, una alteración en la motilidad, que junto a la existencia de una hernia de hiato contribuyen a la aparición de dicho reflujo[101]. El estreñimiento es un proceso común en las personas con sobrepeso, predisponiendo a la formación de hemorroides y fisuras anales.

La afectación hepática no alcohólica es una alteración presente en más del 80% de los pacientes obesos mórbidos, y algo menor en otros obesos[102]. Se produce tras una acumulación de lípidos dentro de los hepatocitos. Su riesgo está en el desarrollo de una posible evolución a una esteatohepatitis, incluso a la cirrosis[103].

> *Neoplasias:*

Dentro de los factores exógenos, la obesidad y el tipo de dieta se relacionan con determinados tipos de cánceres. En la obesidad existe una mayor incidencia de cáncer de colon, recto, hígado, riñón, pulmón, de vesícula biliar, y específicos de género como el cáncer de próstata en el varón y el de mama, cuello de útero, ovario y endometrio en la mujer[104]. Se ha encontrado asociación entre el cáncer de mama y la obesidad predominantemente de tipo central en las mujeres postmenopáusicas[105]. El cáncer colorrectal es la segunda causa de muerte después del cáncer de pulmón en el hombre y de mama en la mujer.

La probabilidad de padecer cáncer en las personas con obesidad es de entre un 7 y un 21%, siendo la causa de mortalidad de casi un 20% de los casos que lo padecen[106]. Sin embargo, no conocemos las causas que producen el aumento de estas neoplasias.

> *Alteraciones de la gestación:*

Tanto en el embarazo como en el puerperio existe un alto riesgo de padecer complicaciones si se tiene obesidad, incrementando el riesgo de mortalidad perinatal. La obesidad favorece la aparición durante el embarazo de hipertensión y diabetes gestacional, y otras alteraciones del SM como hiperinsulinemias, elevaciones de niveles de leptina, alteraciones lipídicas, etc, pudiendo mantenerse con el tiempo[107]. Durante el parto aumenta el riesgo de precisar una cesárea, así como complicaciones en la anestesia y en el postoperatorio. Los hijos nacidos de mujeres obesas presentan índices Apgar más bajos[108].

> *Alteraciones articulares:*

La obesidad aumenta el riesgo de padecer artrosis degenerativa, sobre todo en pies y rodillas, osteoporosis, tendinitis, alteraciones articulares sobre todo en la columna cervical y dorsolumbar, favoreciendo la aparición de hernias y limitando en gran medida la movilidad e influyendo en la aparición de lesiones y caídas[109,110].

> *Alteraciones dermatológicas:*

La obesidad se relaciona con determinadas alteraciones de la piel como estrías, dermatitis por estasis venosa en los miembros inferiores, linfidema, etc.[111]

> *Otras enfermedades que pueden influir en la calidad de vida del obeso:*

Otras enfermedades pueden asociarse a la obesidad y aunque no suelen influir en la mortalidad precoz de los afectados, les provocan alteraciones significativas en su calidad de vida y afectan a su relación sociolaboral y sexual. Las más importantes son:

- Gota, por hiperuricemia mantenida y depósitos de ácido úrico.
- Incontinencia urinaria, por hiperpresión abdominal e hipotonía del suelo pélvico.
- Úlceras varicosas e insuficiencia vascular en extremidades inferiores que obligan a aumentar el reposo. Se distinguen dos tipos:

  -Paniculitis necrotizante, especialmente por roce.
  -Síndrome de hipertensión endocraneal idiopática.

1.5.2. Morbilidad psiquiátrica.

La obesidad, a través de las vías del sistema nervioso central, o por medio de la estigmatización y/o victimización, resistencia física o complicaciones médicas, puede afectar significativamente el bienestar mental de un individuo. Se considera un factor de vulnerabilidad para padecer alteraciones emocionales y desórdenes psiquiátricos, limitando en gran medida la vida diaria de la persona, su funcionamiento ocupacional y su calidad de vida[112].

Actualmente existe una alta presión social sobre la imagen corporal, en donde la persona delgada se considera una imagen de éxito. Esto provoca que las personas con obesidad puedan sufrir discriminaciones en todos los ámbitos sociales, contribuyendo a la aparición de enfermedades psicosociales, como la depresión y la ansiedad[113]. El sentirse rechazado conlleva la creación de una autoimagen negativa y un rechazo hacia sí mismo, evitando el contacto social. Una de las causas de la discriminación parte de la creencia existente en la sociedad de que el peso puede ser controlado y que la obesidad es una manifestación de tener un déficit o dificultad en el carácter.

Dado que las vías que regulan el peso han demostrado estar estrechamente vinculadas con otros sistemas, incluyendo el sueño, el estado de ánimo, la ansiedad y la cognición, uno puede ver la obesidad como una enfermedad que se puede atribuir a variables psicológicas, rasgos o síntomas que afectan a medio y largo plazo la ingesta y gasto energético. Los atracones, el aumento del apetito y la disminución de la actividad física, son síntomas comunes en la depresión, mostrando una relación lógica entre el trastorno mental y la obesidad. La depresión puede causar obesidad, cambiando los patrones de alimentación de una persona o reducir su actividad física. Además de la depresión, la baja autoestima es una variable que puede aumentar el riesgo de obesidad[114].

Una cuestión que ha sido de interés desde el ámbito de la Psicología es averiguar si los individuos con sobrepeso u obesidad presentan una mayor psicopatología que los sujetos con normopeso. Algunos estudios, cuando las muestras proceden tanto de la población general como de ámbitos clínicos y que han incluido grupos control de comparación, indican que los individuos que presentan un sobrepeso no presentan mayores niveles de psicopatología que sus pares normopeso[115].

En contraposición, la mayoría de las investigaciones recientes señalan que a mayor IMC mayor incidencia de desórdenes psiquiátricos. Se estima que entre un 40 y un 70% de las personas obesas con un IMC > 35 presentan algún tipo de enfermedad mental[116].

A continuación, se muestran algunos estudios recientes que se han realizado con distintos grupos poblacionales que asocian la obesidad con múltiples perturbaciones psicológicas:

-En EE.UU.[117] se llevó a cabo un amplio estudio a nivel nacional entre 2001 y 2002, y se encontró que tanto la obesidad como el sobrepeso eran coincidentes con algunas alteraciones de naturaleza psicológica, que incluían fobias, trastornos de pánico, trastorno antisocial y episodios depresivos. Se encontraron diferencias muy significativas entre sexos.

-En un estudio realizado en Bélgica[118] se compararon a más de 150 adolescentes con sobrepeso y 73 sin problemas al respecto constatándose que en el primer grupo casi el 38% cumplían los criterios para tener al menos un trastorno psicológico, frente al 23,29% del segundo. El trastorno común más demostrado fue el de la ansiedad.

-En Turquía[119], un estudio con 54 pacientes pediátricos obesos ratificó que el 50% de la muestra manifestaba síntomas psicopatológicos debidos a la obesidad.

-En 2010[120], se efectuó una encuesta en la que participaron más de 1000 niños franceses y sus familiares, sacando como conclusión que los problemas de peso estaban vinculados a algunas variables psicosociales (bajos ingresos) y además con variables psicológicas (ansiedad), problemas emocionales y con los compañeros, y trastornos del comportamiento.

-En otro estudio llevado a cabo con casi 1500 adolescentes en Canadá[121] se comprobó que las personas obesas, en comparación con los adolescentes con un peso normal o bajo, tenían mayores grados de sintomatología depresiva (autoestima negativa, anhedonia o incapacidad de experimentar placer y disfrute), depresión en general y una mayor insatisfacción corporal.

En la infancia y adolescencia los problemas psicológicos asociados a la obesidad están relacionados con la insatisfacción de su imagen corporal y la necesidad de ser valorados y aceptados[69]. Los niños obesos sufren burlas y rechazos continuos, afectándoles a su autoestima. En la adolescencia, las chicas suelen aumentar sus niveles de insatisfacción más que los chicos, llegando incluso a esconder o modificar sus formas corporales adquiriendo hábitos poco saludables, con altos niveles de sufrimiento[122]. De ahí radica la especial importancia que en estas edades se ha de dar a la prevención con actividades educativas en relación a hábitos saludables, alimentación e información sobre causas y consecuencias de la obesidad[123].

Las psicopatologías asociadas a la obesidad en general son numerosas. Destacan principalmente los episodios depresivos, TA, el trastorno de pánico, las fobias, abusos o dependencia de sustancias, la personalidad antisocial y el trastorno de evitación[124] (Tabla 4).

Tabla 4. Comorbilidad psiquiátrica más frecuente en las personas obesas.

Clasificación	Tipos de trastornos
Trastornos de ansiedad	Trastornos de pánico, de ansiedad generalizada, fobia social, agorafobia, otros trastornos mixtos de ansiedad.
Trastornos del humor	Depresión, Trastorno bipolar, Distimia.
Trastornos de la Personalidad	Trastorno paranoide, esquizoide, disocial, histriónico, ansioso, dependiente; otros Trastornos de los hábitos y control de los impulsos.
Trastornos alimentarios	Trastorno por atracón, Bulimia nerviosa, Anorexia nerviosa
Trastornos por abuso de sustancias	Abuso y/o dependencia de alcohol, drogas u otras sustancias.

Fuente: Elaboración propia a partir de Kalarchiam M, et al. Psiquiatric disorders among bariatric surgery candidate: relationship to obesity and functional health status. *Am J Psychiatry*. 2007; 164(2): 328-374

Obesidad y autoestima: La autoestima se define como "un equilibrio entre los logros de una persona y sus metas o aspiraciones". La obesidad puede generar una baja autoestima al experimentar una disminución de la calidad de vida, mayores tasas de tristeza, soledad y nerviosismo. Algunos estudios indican que los niños obesos tienen el doble de probabilidades de sufrir una baja autoestima, en comparación con sus pares con peso normal[125].

Obesidad y depresión: La depresión es causada por una combinación de factores biológicos, psicológicos y sociales. La imagen corporal negativa, que es el resultado de la obesidad, puede ser una causa para la depresión. Los TA, la insatisfacción corporal y la restricción de alimentos se relacionan directamente con la depresión, observando cómo recibiendo tratamiento para ésta última mejoran las primeras[126].

Obesidad e ideación suicida: La ideación suicida se asocia con el sobrepeso y la obesidad del adolescente. Una encuesta representativa a nivel nacional en canadienses mayores de 15 años[127], encontró que la obesidad se relacionó con la depresión del año pasado y la ideación suicida. Incluso cuando se ajustó por edad, sexo y otras características sociodemográficas, la relación entre la obesidad y la ideación suicida siguió siendo significativa. Irónicamente, los resultados muestran que, aunque las tasas de depresión y la ideación suicida puede ser más común en personas con sobrepeso y obesos, el riesgo real de suicidio disminuye cuanto más peso gana el individuo. Por cada aumento de 5 kg/m^2 en el IMC, el riesgo de suicidio disminuyó un 18% para los hombres y 24% para las mujeres.

Obesidad y desórdenes alimentarios: El desarrollo de un trastorno de la alimentación es tan importante como cualquier otro factor mental asociado con la obesidad, independiente de su peso. Los trastornos de la alimentación, por tanto, se deberían contemplar como una enfermedad independiente de la obesidad. Los tres trastornos de la alimentación que se relacionan con la obesidad son: el trastorno alimenticio compulsivo, el síndrome del comedor nocturno (SCN) y los comportamientos poco saludables de control del peso. El trastorno alimenticio compulsivo (también llamado TA) es una enfermedad que se caracteriza por atracones sin conductas compensatorias (por ejemplo, vómitos o uso de laxantes). Las personas consumen grandes cantidades de alimentos en un corto período de tiempo (casi 2 horas), con una frecuencia mínima de dos veces por semana y se mantienen durante al menos seis meses. Las personas con este trastorno comen a solas para esconder su voracidad y sienten profundo malestar después del atracón, ya que que se tiene una sensación de falta de control. Este episodio es generalmente seguido a continuación por los sentimientos de disgusto, depresión o culpa. Entre el 30 y el 70% de la población de obesos que buscan tratamiento, cumplen los criterios para TA[128].

El SCN es otra forma de trastorno alimentario que puede resultar de la obesidad[129]. Se define como el consumo de más del 35% de la ingesta diaria de calorías después de la cena, con anorexia matutina, hiperfagia y el despertar nocturno y comer durante estos episodios de despertar. Se caracteriza por un patrón de tiempo de retraso de la alimentación en relación con el sueño, donde la mayoría de los alimentos se consume en la tarde y la noche. Es muy prevalente en la población obesa y se considera un marcador fiable de los trastornos psicológicos. A pesar de que el SCN no cumple los criterios de un trastorno mental hasta el momento, se trata de un patrón de alimentación no normativo que puede ser muy importante en términos de su impacto sobre el peso corporal y la salud.

Las conductas de control del peso no saludables tales como la dieta excesiva, depuración y el uso de laxantes, también han demostrado ser problemas de salud derivados de la obesidad. Son acciones extremas que resultan de una situación desesperada y poco saludable de la cognición, que las personas obesas enfrentan a menudo. La obesidad provoca una pesada carga física y psicológica que puede conducir a los que la padecen a experimentar con tipos extremos de control de peso con el objetivo de llegar a un peso más soportable. Casi siempre fracasan en el intento, aumentando aún más la frustración y el desorden.

1.6. Tratamiento de la obesidad

En la actualidad el tratamiento ideal de la obesidad es la prevención. La gran dimensión que esta enfermedad ha cobrado los últimos años exige la priorización de numerosas medidas preventivas en salud pública, así como de un gran desarrollo de campañas poblacionales informativas en cuanto a alimentación en general, y sobre hábitos de alimentación saludables en particular, así como promover y facilitar el desarrollo de ejercicio físico.

La obesidad es una enfermedad crónica de etiología multifactorial compleja, de ahí que el abordaje terapéutico no se restringe a un solo aspecto, sino que debe incluir una variedad de actuaciones[130,131].

El tratamiento de la obesidad se puede hacer a través de dos diferentes vías:

1. Tratamiento médico:
   - Medidas higiénico-dietéticas
   - Actividad física.
   - Medidas de modificación de comportamientos y de cambios de hábitos.
   - Medidas farmacológicas.

2. Tratamiento quirúrgico:
   - Cirugía para la obesidad mórbida.

Antes de decidir una u otra medida terapéutica, se debe efectuar una evaluación clínica completa que nos permita, entre otras cosas, reconocer los factores causales, la intensidad y la evolución, así como la presencia de patologías asociadas; todo ello, llevado a cabo en colaboración de un equipo multidisciplinario.

El objetivo principal del tratamiento ha de ser el intentar conseguir pequeñas pérdidas de peso graduales (entre un 5-10% del peso inicial) y mantenerlas a largo plazo hasta intentar alcanzar un peso ideal ajustado a la talla del paciente, manteniendo siempre un aporte equilibrado de aportes nutricionales[132]. Para ello se ha de contar con un elemento imprescindible y necesario en todo el proceso de tratamiento: la motivación del paciente. Ha de ser individualizado, conociendo muy bien cuáles han sido los factores que han desencadenado y mantenido la obesidad, el tipo de obesidad y los intentos previos de pérdida de peso y sus resultados. Las metas y objetivos han de ser realistas y ajustados a las circunstancias personales y sociofamiliares, pactados a priori y revisados en todo el momento a través de una planificación en el tiempo.

Existe consenso al afirmar que la intervención combinada de una alimentación hipocalórica junto con un incremento de la actividad física y un programa de educación dirigido a modificar la conducta o los hábitos de vida constituye el tratamiento más eficaz para las pérdidas de peso y su mantenimiento a largo plazo[133].

1.6.1. Dieta

Constituye el elemento fundamental del tratamiento de la obesidad. El objetivo es lograr un equilibrio energético negativo, lo cual se consigue disminuyendo el aporte calórico y aumentando el gasto energético[134,135].

Antes de iniciar el régimen alimentario hipocalórico, es preciso conocer a fondo los hábitos alimentarios de cada paciente. Una vez conocida la conducta alimentaria del paciente y el contenido calórico de su ingesta habitual, podremos plantearnos la restricción energética de la dieta. Las medidas dietéticas han de ser a medida del paciente, sin seguir patrones estándares. Hoy día, la mayor parte de los especialistas están de acuerdo en recomendar dietas no muy estrictas favoreciendo la pérdida de grasa en vez de tejido magro o agua[136].

Se aconseja disminuir unas 500-600 Kcal al día de la ingesta total previa, lo que puede hacer perder alrededor de 500 a 1000 gramos por semana a obesos adultos. Esto representa dietas que aporten de 1200 a 1500 Kcal al día, cuando la ingesta calórica se sitúa en torno a las 2000 Kcal al día, aunque en algunos casos pueden aplicarse dietas más estrictas.

Sin embargo, no hay mucho consenso en la mejor dieta. La mayoría de los especialistas optan por aquella que favorecen la restricción de grasa y un aumento en la ingesta de hidratos de carbono y fibra, ya que aumenta la sensación de saciedad y es ligeramente hiperprotéica[137]. Las restricciones energéticas severas, con dietas muy bajas en calorías, consiguen pérdidas de peso más rápidamente, pero no aumentan la tasa de éxito en el mantenimiento del peso perdido a largo plazo, provocando en muchas personas el abandono de la dieta, cayendo en el conocido "efecto rebote". Como meta inicial se recomienda una pérdida del 10% del peso inicial en los primeros 6 meses y luego una fase de mantenimiento con seguimiento a largo plazo, ya que se estima que más del 80% de los pacientes recuperan gradualmente el peso perdido[138].

Una dieta saludable se distribuye de la siguiente forma:

- Un 55% del total de calorías ingeridas has de ser en forma de carbohidratos (fruta, verduras, cereales, legumbres, etc.)
- Un 30% han de ser grasas, de las cuales < 10% son saturadas y un 20% de ácidos grasos mono y polinsaturados.
- Y el resto, un 15%, han de ser proteínas provenientes de las carnes, el pescado, los huevos y lácteos.

Se recomienda que la distribución de la ingesta sea: un 25% entre el desayuno y media mañana, un 30-35% en la comida, en la merienda un 15% y el resto en la cena. Encontramos 4 tipos de dietas en función de la distribución de los macronutrientes[139]:

- *Dietas bajas en energía*: 10-20% de proteínas, 50-60% de hidratos de carbono y 25-35% de grasas. A corto plazo son muy efectivas pero la falta de adherencia provoca una recuperación del peso a largo plazo.
- *Dietas bajas en carbohidratos*: Se asocian a cetosis que produce una diuresis excesiva por pérdida de sodio, con disminución de agua intra y extracelular, provocando una ligera y significativa pérdida de peso. Al ingerir muchas proteínas la saciedad es alta por lo que se reduce la ingesta. El déficit de glucosa se suple por una lipólisis de los ácidos grasos de la dieta del tejido adiposo.
- *Dietas bajas en grasas*: La grasa es el nutriente con menor poder saciante, pero es el que más calorías aporta. Su reducción contribuye a

la pérdida del peso, pero a largo plazo esta dieta no logra disminuirlo más que otros tipos de dieta.

- *Dietas altas en proteínas*: Es el macronutriente que más sácia el apetito, lo que conlleva a una restricción de la ingesta, tanto de carbohidratos como de grasas. Sin embargo, una alta ingesta de proteínas favorece el desarrollo de dislipemia y un aumento del colesterol cLDL e hiperuricemia por la presencia de altos niveles de grasa animal.

Los cambios sociales y de costumbres cotidianas de los últimos años ha provocado modificaciones en los hábitos alimenticios, favoreciendo muchos de ellos la aparición de la obesidad. Los cambios de horarios con una mayor ingesta al final del día, el aumento del tamaño de las raciones, una elección indiscriminada de alimentos, el consumo de bebidas calóricas, formas de elaboración y cocinado poco saludables, alta presencia de aperitivos muy calóricos, comidas rápidas (*fast food*) fuera de casa, etc. son algunas de las modificaciones alimenticias que sobre todo en los países desarrollados están favoreciendo el aumento tan drástico de esta enfermedad.

1.6.2. Ejercicio físico

La actividad o ejercicio físico está definido como cualquier actividad rítmica que eleva la frecuencia cardiaca por encima de los niveles de reposo, involucrando el uso coordinado de grandes grupos musculares. Son muchos los motivos por los que el ejercicio físico se incluye en el tratamiento de la obesidad (Tabla 5)[140].

Tabla 5. Principales efectos beneficiosos de la realización de actividad física

Efectos
• Favorece la pérdida de peso.
• Ayuda a mantener el peso perdido.
• Contribuye a la prevención de la obesidad, sobre todo la infantil.
• Reduce el colesterol total a expensas de cLDL y eleva el cHDL.
• Ayuda a la prevención de enfermedades cardíacas.
• Mejora la sensibilidad a la insulina, el metabolismo de la glucosa y el control metabólico del diabético.

- Favorece el mantenimiento de la densidad ósea de aquellos pacientes que realizan dieta y pierden peso.
- Colabora en el descenso de la presión arterial en personas hipertensas.
- Mejora estado anímico: aumenta autoestima, disminuye ansiedad y la depresión.
- Regula o modula el apetito, incrementando el grado energético basal.
- Contribuye a disminuir el ingreso de grasa alimentaria, especialmente en el periodo post-ejercicio.

Fuente: Elaboración propia a partir de McGinnes RA, Lowthian JA. Why exercise is an important component of risk reduction in obesity management? Med J Aust. 2012; 196:567-8.

La combinación de ejercicio físico y restricción calórica es más efectiva que cualquiera de ambos por separado. Aunque el ejercicio incrementa poco la pérdida de peso en las primeras fases, parece que es el componente del tratamiento que más promueve el mantenimiento de la reducción de peso en el tiempo[141]. Algunos estudios sugieren que los pacientes que se someten a cirugía bariátrica y que han realizado ejercicio físico moderado son menos propensos a padecer ansiedad o depresión que aquellos que no lo han realizado[142].

La intensidad del ejercicio debe adaptarse a la edad y a la forma física del individuo. Se aconsejan 45-60 minutos de actividad física diaria con el fin de prevenir la obesidad en personas con sobrepeso, y de 60 a 90 minutos para evitar la recuperación de la pérdida del peso en obesos[143]. El tratamiento ha de empezar siendo lento pero progresivo, aumentando el tiempo hasta alcanzar los objetivos previstos. Se considera que a partir de 20-30 minutos de actividad es cuando se empieza a utilizar la grasa como generador de energía. Realizar menos de dos veces a la semana no produce cambios significativos.

Tres de los ejercicios físicos que más se recomiendan en el tratamiento del paciente obeso son:

- *Caminar*. Produce buenos resultados a largo plazo, mejorando el equilibrio y disminuyendo la sensación de fatiga. No es una actividad estresante, tanto para el corazón como para el aparato locomotor y es a su vez placentera. Se recomienda alcanzar un 70% de la frecuencia cardiaca máxima, con una cantidad óptima de marcha de 6 ó 7 km en una hora.

- *Nadar*: Debido a la flotabilidad los ejercicios acuáticos suponen poca carga para las articulaciones, posibilitando una adecuación y progreso más rápido en cuanto a la cantidad, duración e intensidad del ejercicio. Las personas con obesidad, con grandes problemas posturales y esqueléticos debido a la carga que soportan las articulaciones, realizan con facilidad los ejercicios en el agua ya que el peso corporal se reduce una sexta parte, impidiendo la aparición de lesiones osteomusculares y mejorando notablemente la movilidad.

- *Bicicleta estática*: La actividad del pedaleo, sin necesidad de un movimiento en el espacio, es un ejercicio muy recomendado para las personas obesas ya que requiere poco esfuerzo y su rendimiento es alto al ser un ejercicio aeróbico con un alto consumo continuado de calorías.

1.6.3. Modificación de la conducta

La modificación de la conducta desempeña un papel importante en el tratamiento de la obesidad. Con ella se pretende ayudar al obeso a cambiar su actitud frente a la comida y sus hábitos alimentarios y de actividad física, así como combatir las consecuencias que se producen después de una transgresión dietética.

Las variables a considerar en el tratamiento de modificación de la conducta son:

- ➢ Variables *cognitivas*: creencias.
- ➢ Variables *afectivas*: manejo de los estados de ánimo.
- ➢ Variables *ambientales*: hábitos y rutinas.

La terapia psicológica o psiquiátrica individualizada, como se verá más adelante, puede ser necesaria cuando existan alteraciones psicopatológicas importantes asociadas a la obesidad. Pero de forma previa, existen otras técnicas de apoyo para la modificación del comportamiento con importantes beneficios en su tratamiento, que se incluyen dentro de un paradigma cognitivo-conductual[144-146] (Tabla 6).

Tabla 6. Principales técnicas de modificación del comportamiento

Técnicas
• Técnicas de autocontrol.
• Restructuración cognitiva.
• Focos de trabajo.
• Estrategias de resolución de problemas.
• Seguimiento y evolución.

Fuente: Elaboración propia a partir de Teufel M et al,.Psychotherapie und Adipositas.
Strategien, Herausforderungen und Chancen. Nervenartz. 2010; 82(9): 1133-1139

Las personas obesas suelen tener patrones de comportamiento irregulares, con frecuentes picoteos, atracones y omisiones de comidas durante el día o excesos nocturnos conllevando importantes desajustes metabólicos.

El grado de insatisfacción corporal suele ser muy alto, y no solo con la dieta o el ejercicio consiguen el objetivo de la pérdida del peso. Requieren por lo general algunos otros cambios educativos, en los hábitos y en la forma en la que afrontan el problema.

Las técnicas de modificación del comportamiento se concretan en:

a) **Técnicas de autocontrol**: éstas incluyen autoobservación, fijación de objetivos realistas a corto-medio plazo, auto-registro de comida, anotando la hora, lo ingerido (hasta lo más trivial), control de estímulos (comer lento, sentado, compra controlada, entre otros).

b) **Reestructuración cognitiva**: conocimiento que el enfermo tiene de sus propias emociones y pensamientos, conocer las asociaciones entre situaciones de ingesta y emociones, declarar ideas automáticas negativas (deliberar, considerar y cambiar), reemplazar las creencias y suposiciones equívocas por pensamientos más adecuados.

c) **Focos de trabajo**: talante frente a las críticas, autoestima, estimación de fortalezas, imagen corporal y refuerzo de logros.

d) **Desarrollo de otras destrezas de control de problemas**: aprender habilidades de control del estrés y regulación de afectos, comportamientos alternativos en vez de comer, adiestramiento en solución de problemas, en habilidades sociales y también de prevención de recaídas.

e) **Seguimiento y evolución**: el objetivo es la reevaluación de cambios originados y mantenidos.

3.6.4. Tratamiento farmacológico

Para el tratamiento farmacológico de la obesidad se establecen una serie de recomendaciones[147]:

> ➤ No debe utilizarse nunca como único tratamiento, y siempre como apoyo de la dieta, el ejercicio físico o la modificación del comportamiento.

> ➤ Su prescripción debe indicarse a obesos con un IMC ≥ 30 Kg/m², en los que haya fallado la dieta, el ejercicio y los cambios conductuales, o en aquellos con un IMC ≥ 27 Kg/m² si se asocian a factores importantes de morbilidad como DM2, HTA, SAOS o dislipemia.

> ➤ Está contraindicado en mujeres gestantes o lactantes y en pacientes con enfermedad cardíaca.

> ➤ Hay que tener en cuenta que los fármacos en sí mismos no curan la enfermedad, solo sirven de coadyuvante y cuando se suspende se suele recuperar el peso.

> ➤ La prescripción ha de realizarse bajo prescripción médica y con control de la misma.

Muchos medicamentos han sido aprobados y utilizados en los últimos años para el tratamiento de la obesidad[148-150]. La mayoría de ellos han sido retirados del mercado debido a sus efectos adversos. Así, encontramos entre otros la Fenfluramine, Anfetamina, Rimonabant o la Sibutramina (Reductil®). Este último se ha retirado de Europa en 2010 por sus efectos adversos en cuanto al aumento del riesgo de parada cardíaca y ACV en los pacientes de alto riesgo. En EE.UU. prosigue su evaluación y comercialización, a pesar de que todavía no se ha encontrado una adecuada relación riesgo-beneficio[151,152].

En España, actualmente, disponemos de un fármaco con indicación explícita para el tratamiento de la obesidad a largo plazo, el *Orlistat* (Xenical®)[153]. Su prescripción está autorizada para los adolescentes con obesidad. Es un fármaco de acción periférica que actúa localmente a nivel del intestino delgado reduciendo la absorción de la grasa alimentaria. Bloquea directamente la acción de la lipasa gastrointestinal, lo que se traduce en la no hidrólisis y no absorción de un 30% de la grasa ingerida. Este fármaco no sólo facilita la pérdida de peso, sino también facilita el mantenimiento de las pérdidas ponderales logradas, siendo el único que ofrece seguridad de eventos cardiovasculares y efectos positivos sobre el control de la diabetes. Sin embargo, también encontramos efectos secundarios gastrointestinales comunes que hay que tener en cuenta e incluyen:

- Diarrea.
- Incontinencia fecal.
- Manchas oleosas.
- Flatulencia.
- Distensión abdominal.
- Dispepsia.

Algunos fármacos pautados para el tratamiento de enfermedades mentales se ha probado un parcial efecto clínico sobre la obesidad[154,155]. Así la *Fluoxetina,* fármaco indicado para la depresión, se ha utilizado en el paciente obeso, pero de forma limitada, ya que su eficacia a partir de las 28 semanas es dudosa. El *Bupropion*, antidepresivo tricíclico, se ha demostrado que facilita la pérdida de peso[156]. El *Topiramato* indicado para trastornos afectivos, disminuye la ingesta y el peso, está indicado en algunos pacientes obesos sin crisis convulsivas con trastornos por atracones u obesidades hipotalámicas[157].

Otros fármacos como la *Metformina* y los análogos del GLP-1 como el *Exenatide* y el *Liraglutide*[158] se han aprobado para su uso en pacientes obesos diabéticos o para contribuir a su control metabólico.

1.6.5. Quirúrgico: cirugía bariátrica

1.6.5.1. Indicaciones

Podemos considerar pacientes obesos candidatos a cirugía bariátrica a todos aquellos que presentan obesidad mórbida, comorbilidades graves manifiestas, que pueden disminuir o mejorar con la pérdida de peso, y en los que hayan fracasado los tratamientos médicos dirigidos a normalizar el peso. Es el tratamiento de elección y más eficaz a largo plazo[159,160]. No es una operación de estética, sino una intervención gastrointestinal compleja, con altos riesgos para el paciente[161].

Existe suficiente información, con importantes ensayos clínicos[162,163], sobre la discusión de qué tipo de medidas son más eficaces que otras, comparando el conjunto de intervenciones médicas frente a las quirúrgicas. Son 4 los ámbitos en donde se ha puesto especial atención:

- *La pérdida ponderal*: con las medidas médicas consiguen por lo general resultados modestos, con pérdidas de un 5-10% del exceso de peso entre los 3 y 6 meses. Sin embargo, en muchos de los pacientes se produce una recuperación ponderal en 1 ó 2 años. En el caso del tratamiento farmacológico se benefician aquellos con mala adherencia a los cambios conductuales y dietéticos, pero con escasos resultados en la pérdida del peso. Con obesos que superan un IMC de 40 Kg/m^2, el tratamiento recomendado, tras fracasar otras intervenciones médicas, es el quirúrgico[3]. Con dicha medida terapéutica los resultados son mejores, manteniendo en la mayoría de los casos la pérdida del peso, independientemente del tipo de cirugía empleado.
- *Reducción de las comorbilidades*: Se ha evidenciado en los pacientes con obesidad mórbida tras la cirugía la notable y significativa mejoría de enfermedades como la DM2[164], la HTA, el SAOS y la Dislipemia, no produciéndose de forma tan rápida y efectiva con otras medidas médicas[165].
- *Reducción de la mortalidad*: La esperanza de vida de los pacientes con obesidad mórbida aumenta tras las intervenciones, sobre todo al

reducir los factores de riesgo cardiovascular y en poblaciones con cáncer como se ha demostrado en algunos estudios [166,167].

- *Reducción del gasto sanitario*: De todas las comorbilidades asociadas a la obesidad la más costosa de tratar es la DM y sus complicaciones. Las medidas conductuales, cuando son efectivas, pueden llegar a ahorrar hasta 4.000 euros por paciente y año. Sin embargo, su efectividad solo se prolonga hasta el año y en los pacientes obesos mórbidos no resultan coste-efectivas. Igual ocurre con las medidas farmacológicas[168]. La cirugía bariátrica es considerada como una inversión a largo plazo ya que es rentable en cuanto a la reducción del gasto sanitario que resulta de eliminar el tratamiento de las comorbilidades asociadas, amortizando en un año el gasto sanitario directo[169].

Desde el siglo XIX se conocen estudios que comunican la pérdida de peso tras la resección gástrica o intestinal, como fueron los trabajos de Eiselberg, pero es en el siglo XX cuando se hacen los principales avances, precursores del gran crecimiento que tiene en la actualidad la cirugía bariátrica[170,171]. Payne et al.[172] realizaron la primera intervención bariátrica: la derivación yeyonocólica (técnica malabsortiva). En los años 60 se crean las técnicas restrictivas y las técnicas mixtas. A partir de los 70 se introducen las gastroplástias restrictivas, en los 80 la banda gástrica ajustable, y en los 90 el cruce duodenal. Las primeras intervenciones laparoscópicas de la cirugía bariátrica empiezan a aparecer con el inicio del siglo XXI[173].

El NIH, en 1991[174] y posteriormente en España, en un documento de consenso elaborado por la SEEDO y la SECO[175], señalan una serie de características que han de cumplir los candidatos al tratamiento quirúrgico de la obesidad mórbida (Tabla 7).

Tabla 7. Indicaciones para pacientes candidatos al tratamiento quirúrgico.

Indicaciones
• Edad recomendada de 18 a 60 años.
• IMC > 40 kg/m².
• IMC > 35 kg/m² con comorbilidades añadidas de riesgo elevado (SAOS,

síndrome de Pickwick y cardiopatía relacionada con la obesidad), DM.
También incluyen los pacientes con problemas físicos que interfieren con su
calidad de vida (enfermedad osteoarticular, problemas con el tamaño del
cuerpo que imposibilita o interfiere gravemente con el empleo, la función
familiar y la deambulación).

- Riesgo quirúrgico aceptable según evaluación médica.
- Obesidad mórbida mantenida durante 5 años.
- Fracaso de otros tratamientos convencionales (médicos o dietéticos)
  supervisados.
- Compromiso por parte del paciente de observar las normas se seguimiento
  tras la intervención y seguridad en la cooperación del paciente a largo plazo.
- Consentimiento informado y asunción del riesgo quirúrgico.
- Estabilidad psicológica constatada mediante una evaluación monitorizada.
- Comprender que la cirugía no es un medio para alcanzar el peso ideal.
- Contar con apoyo familiar apropiado.
- Ausencia de trastornos endocrinos que sean origen de la obesidad mórbida.

Fuente: Elaboración propia a partir de Documento de consenso sobre cirugía bariátrica. *Rev Esp Obes.* 2004; 4: 223-249.

Además de estas indicaciones, existen una serie de contraindicaciones que hay que tener muy en cuenta (Tabla 8)[176].

Tabla 8. Contraindicaciones para pacientes candidatos al tratamiento quirúrgico

Contraindicaciones
• Trastornos psiquiátricos graves (psicosis, esquizofrenia), trastornos de la personalidad y del comportamiento alimentario, depresiones graves no tratables y tendencias suicidas, retraso mental.
• Presencia de trastornos endocrinos que sean causa de la obesidad mórbida.
• Patología suprarrenal o tiroidea que puede ser causante de la obesidad.
• Adicción incontrolada al alcohol y las drogas.
• Oposición importante de la familia a la intervención o falta de apoyo social.
• Expectativas poco realistas de los resultados de la intervención.
• Predicción de que el paciente no cumplirá con los requerimientos de suplementos de vitaminas y minerales, o que no seguirá un riguroso control en el seguimiento.
• El reflujo gastroesofágico y las alteraciones motoras del esófago son contraindicaciones para la realización de procedimientos restrictivos.

Fuente: Elaboración propia a partir de Martinez-Ramos D, et al. Pérdida de peso preoperatoria en

Estas recomendaciones y contraindicaciones sirven de guía para una adecuada actuación, pero en algunos casos los pacientes no cumplen estas condiciones y debido a circunstancias concretas en ellos puede estar indicada la cirugía, como es el caso de algunos adolescentes o personas mayores de 60 años.

En general, podemos decir que el motivo principal del fracaso de las técnicas de cirugía bariátrica es la mala selección del paciente. La cirugía de la obesidad implica grandes riesgos y lleva a modificaciones importantes de los hábitos alimentarios y del estilo de vida, por lo que, si el paciente no está preparado previa y adecuadamente, puede fracasar en su intento por adelgazar, llegando incluso al extremo de poner en peligro su vida. Por lo tanto, es fundamental para el éxito de la cirugía bariátrica realizar los siguientes pasos:

- ➢ una buena selección del paciente.
- ➢ una buena evaluación preoperatoria multidisciplinar.
- ➢ una buena selección de la técnica quirúrgica, en función del IMC y de los hábitos dietéticos e higiénicos.
- ➢ un seguimiento exhaustivo postoperatorio.

El proceso de cirugía bariátrica es llevado a cabo por un *equipo multidisciplinar*, que además del cirujano bariátrico y del especialista en endocrinología, debe incluir a anestesiólogos, psiquiatras/psicólogos, cirujanos plásticos, enfermeras, dietistas y trabajadores sociales. Cada miembro debe compartir la responsabilidad de identificar y contribuir a alcanzar los objetivos de satisfacción del paciente, una pérdida de peso adecuada y una mejoría de su salud y calidad de vida.

Cualquier técnica quirúrgica es una herramienta para cambiar los hábitos alimenticios, pero nunca cura la obesidad mórbida. Para ello es esencial que los candidatos tengan un exhaustivo conocimiento de todos los aspectos relativos a la cirugía y de los mecanismos de pérdida de peso para que puedan evitar las reganancias de peso y las complicaciones tardías[177]. Un resultado satisfactorio requiere más educación pre y postoperatoria del paciente que cualquier otra cirugía. Por eso, el éxito no debe contemplar solo los resultados de las habilidades técnicas del cirujano, sino que se ha de valorar la capacidad de adaptación del paciente a los cambios en el estilo de vida derivados de la cirugía y del cumplimiento de normas y hábitos para mantener el peso perdido[176].

El trabajo en equipo está orientado a ofrecer un tratamiento integral al paciente con obesidad mórbida, desde la consulta inicial con el endocrino y el cirujano hasta el seguimiento a largo plazo pasando por la cirugía, los cuidados perioperatorios y la optimización preoperatoria.

Dicha preparación preoperatoria incluye 3 tipos de valoraciones imprescindibles para una correcta selección de los candidatos[178]:

1. **Valoración anestésica.** Los importantes riesgos anestésicos que implica la cirugía conllevan un ajuste de medicaciones por las comorbilidades asociadas de los pacientes. La medicación necesaria previa a la cirugía se debe pautar desde la consulta de Preanestesia.

2. **Valoración psicológica.** Como se detallará en un apartado posterior, la exploración psicológica/psiquiátrica tiene como objetivo primordial determinar las capacidades del paciente para dar y firmar el consentimiento informado y asumir las responsabilidades de su decisión de operarse (asumir el tratamiento médico y de los cambios en los patrones de ingesta). Hay factores que la contraindican de forma absoluta y otras circunstancias o contraindicaciones relativas que deben ser evaluadas globalmente con el fin de resolverlas de forma previa a la cirugía.

3. **Valoración dietética.** Se valora el grado de conocimiento de nutrición general de los pacientes. Existen varios patrones de la ingesta de alimentos con importancia en el tratamiento nutricional y relevancia en las diferentes técnicas quirúrgicas que pueden influir en el periodo tanto perioperatorio como en el postoperatorio. Básicamente son:

- Atracones.
- Comer frecuentemente (picotear).

- Alto consumo de dulces y/o bebidas no alcohólicas ("sweat eaters").
- Sobrealimentación no percibida.
- Sobrealimentación en las comidas.
- Ingesta nocturna (dato muy significativo de un trastorno grave).

A pesar de no aceptar una única técnica bariátrica como la más óptima, el conjunto de los cirujanos sí que se ponen de acuerdo en establecer un consenso en torno a los criterios de Fobi et al.[179] y Baltasar et al.[180] que definen una buena intervención bariátrica, como son los siguientes:

a.   *Segura*, con una morbilidad inferior al 10% y una mortalidad inferior al 1%.

b.   *Efectiva*, con una pérdida del sobrepeso superior al 50% en más del 75 de los pacientes.

c.   Ser *reproducible*, con resultados comparables entre distintas series.

d.   Con un *índice de revisiones* menor del 2% anual.

e.   Debe ofrecer una *buena calidad de vida*.

f.   Es necesario que provoque los *mínimos efectos secundarios*.

Los avances en el campo de la cirugía bariátrica son constantes y los resultados variables. Cada técnica ofrece diferentes posibilidades y resultados con distintas cifras de morbimortalidad. En la actualidad no se dispone de datos suficientes para asignar selectivamente a un paciente una determinada técnica quirúrgica, pero esta asignación debe llevarse a cabo por un equipo experto, que escoja la intervención según sus riesgos y beneficios, apoyándose en su experiencia y en la evidencia descrita en la literatura [181,159].

La SECO, en el transcurso de su 17ª Asamblea General celebrada en Vitoria-Gasteiz el día 28 de mayo de 2015[182], propone un nuevo marco de referencia para la buena práctica de la cirugía bariátrica y metabólica en nuestro entorno. Generalmente se admiten tres tipos de indicaciones para la cirugía:

1. En pacientes con un perfil psicológico adecuado en quienes haya fracasado el tratamiento conservador supervisado, con un IMC ≥ 40 kg/m², o a 35 si se asocian comorbilidades susceptibles de mejoría con el tratamiento quirúrgico.

2. En pacientes con obesidad grado I (IMC entre 30-35 kg/m²) con DM2 mal controlada y riesgo cardiovascular aumentado, tras una valoración individualizada en el seno de un comité multidisciplinar.

3. De forma individual, debe considerarse la pertinencia de realizar cirugía bariátrica en pacientes obesos con enfermedad por reflujo gastroesofágico o patología significativa de pared abdominal, particularmente en casos muy sintomáticos, recidivas o riesgo de complicaciones.

En cuanto a los criterios de éxito de las intervenciones, en la actualidad no existe un consenso claro sobre el periodo válido para considerar si ha sido un fracaso o un éxito[183].

Deitel y Greennstein[184] (2003) publicaron las recomendaciones por las que señalan una correcta expresión de la pérdida de peso. Como criterios de consenso se aceptan varios indicadores como son: el porcentaje del sobrepeso perdido (PSP) y las variaciones con los cambios en el IMC, expresados como porcentaje de IMC perdido (PIMCP) o porcentaje de exceso de IMC perdido (PEIMCP).

- El PSP se calcula mediante la siguiente fórmula:

PSP = (Peso inicial - Peso actual) / (Peso inicial - Peso ideal) x 100.

- El PIMCP se calcula mediante la siguiente fórmula:

PIMCP = (IMC inicial - IMC final) / IMC inicial x 100.

- El PEIMCP se calcula mediante la siguiente fórmula:

PEIMCP = (IMC inicial - IMC actual) / (IMC inicial - 25) x 100.

Desde los años 80, varios han sido los autores que han publicado sus resultados utilizando el PSP, representando con diferentes porcentajes la tasa de éxitos y fracasos. En 1981, Halverson y Koehler[185] fueron los primeros en clasificar los resultados en función del PSP, considerando como éxito aquellos casos en los que la pérdida era superior al 50%. En 1983, Lechner y Elliot[186] consideraron el resultado como bueno si el adelgazamiento se sitúa entre el 50 y el 79% del exceso de peso, y fracaso si éste se encuentra entre el 25 y el 49%, y Martín et al.[187], en 1985, separaron los éxitos en 2 grupos: buenos si la pérdida de peso sobrepasa el 79% del sobrepeso, y satisfactorios si el adelgazamiento se sitúa entre el 40 y el 60%. Reinhold[188], en 1982, introdujo la valoración de los resultados en función del sobrepeso final y el peso ideal, indicando que si el exceso de peso es menor del 25% respecto al peso ideal el resultado es excelente; si el exceso de peso queda entre el 25 y el 50% el resultado es bueno; si se sitúa entre el 50 y el 75%, el resultado es aceptable, y si es mayor del 75% se considera un fracaso. Siguiendo una tónica parecida, MacLean et al.[189] consideraron un resultado como bueno si el peso final excede como máximo un 30% al peso ideal; satisfactorio si la pérdida ponderal es superior al 25% del peso inicial, e insatisfactorio si la pérdida ponderal es inferior al 25% del peso inicial.

Para nuestro estudio utilizaremos los propuestos por Baltasar et al.[180], haciendo diferenciación entre excelentes, buenos y fracasos: excelentes si el PSP es superior al 65% y el IMC < 30 kg/m^2; buenos o aceptables si el PSP está entre el 50 y el 65% y el IMC, entre 30-35 kg/m^2, y fracasos si el PSP < 50% y el IMC > 35 kg/m^2.

1.6.5.2. Técnicas quirúrgicas

La aplicación de las técnicas bariátricas en el tratamiento de la obesidad, tal y como se conocen, tienen sus inicios en la década de los 50 en Estados Unidos, a través de los trabajos de Linner y Nelson[190]. Muchos de los procedimientos que fueron apareciendo apenas se utilizan en la actualidad[191]. En España, la base y los pioneros del desarrollo de hoy en día se debieron a unos grupos precursores (Bellvitge, Zaragoza, Alcoy) en la década de los setenta, pasando asimismo por otros grupos consolidados en los años ochenta (Badalona, Madrid, Santander, Sevilla y Vitoria)[173]. En 1990 se crea la referida SEEDO y dos años más tarde tuvo lugar en Barcelona su primer congreso. Esta sociedad científica, con 27 años de experiencia, se ha consolidado logrando gran prestigio científico y social. En el año 1997 se crea la SECO, que es la undécima sociedad mundial, miembro número 11 de la Federación Internacional de Cirugía de la Obesidad (IFSO).

El proceso de cirugía bariátrica conlleva la aplicación de numerosas intervenciones pre y postoperatorias, en las que las diferentes técnicas deben ser valoradas por los siguientes aspectos:

➢ su capacidad de inducir y mantener la pérdida de peso.
➢ mayor control de las comorbilidades asociadas a la obesidad.
➢ el mantenimiento a largo plazo de los cambios fisiológicos.
➢ los cambios de comportamiento en la ingesta.
➢ cambios en los hábitos de vida, siendo ésta más saludable y de más calidad.

La cirugía bariátrica es el procedimiento más recomendado en las principales Guías[192] para el tratamiento de la obesidad mórbida, publicadas por importantes Instituciones como el National Health and Medical Resarch Council de Australia, el NIH de EEUU, o el National Institute for Clinical Excellence (NICE) de Reino Unido. Prueba de ello es el incremento notable que ha experimentado esta cirugía en los últimos 10 años en todo el mundo[193]. Probablemente la generalización de las técnicas, con menos complicaciones, ha contribuido a este importante incremento consiguiendo no solo la reducción del peso corporal sino la mejora e incluso reversión de muchas de las comorbilidades descritas, responsables de más de 2,5 millones de fallecimientos al año en el mundo[167].

Actualmente existen tres mecanismos quirúrgicos para combatir la obesidad[194]:

➤ *Técnicas malabsortivas:* realizan un cambio fisiológico en la absorción de los alimentos disminuyendo la cantidad de nutrientes asimilada tras la ingesta.

➤ *Técnicas restrictivas:* buscan provocar una sensación de saciedad precoz al restringir o limitar la capacidad gástrica.

➤ *Técnicas mixtas:* combinan las dos anteriores.

La IFSO[195] reconoce como "procedimientos cualificados" la banda gástrica ajustable (BGA), la gastrectomía vertical (GV), el bypass gástrico (BG) y la derivación biliopancreática (DBP) con/sin cruce duodenal, siendo el abordaje laparoscópico de primera elección. Hay contextos en las que se pueden llevar a cabo otras técnicas (variaciones de las anteriores) aunque todavía no estén consolidadas, como son: pacientes bien seleccionados, protocolo aprobado por el comité hospitalario correspondiente, volumen de actividad adecuado y evaluación cuidadosa de la seguridad del paciente y los resultados. En ningún caso deben realizarse de forma esporádica o anecdótica. Se ha mejorado globalmente la seguridad de la cirugía bariátrica, gracias a los avances tecnológicos y a la experiencia de los equipos multidisciplinares, asumiéndose como estándar una mortalidad < 0,5% y morbilidad < 7%, con un rango tolerable de fístulas del 0-4%[196]. Se considera "ideal" la técnica que beneficia a más del 75% de los pacientes a largo plazo, además de ser reproducible, proporcionar una buena calidad de vida y conllevar pocos efectos secundarios.

❖ **Operaciones malabsortivas.**

Son las menos utilizadas hoy en día. Consisten básicamente en la realización de distintos circuitos o bypass en el tubo digestivo, limitando la absorción de los alimentos que se ingieren. Las dos técnicas que se incluyen en estas operaciones son:

1. Derivación biliopancreática (DBP):

Es la técnica que mayor malabsorción proporciona. Ha sido frecuentemente asociada al tratamiento de pacientes con índices de masa corporal mayores, sobre todo por encima de 60 kg/m^2. Puede indicarse por grado de obesidad, por la severidad de las comorbilidades o por la dieta sin restricción[197]. La gastrectomía de una DBP proporciona una restricción alimentaria decreciente que permite realizar una ingesta normal tres meses después de la intervención. Las medidas del intestino común y alimentario se pueden ampliar o reducir según las necesidades del paciente. El control y aporte de vitaminas liposolubles, calcio y hierro es clave en su seguimiento[198].

2. Cruce duodenal (CD):

Se trata de una técnica cuya principal diferencia con la DBP es la restricción gástrica. Consiste en realizar una gastrectomía subtotal vertical con preservación del píloro como acción restrictiva[199,200].

Sus indicaciones son similares a la DBP. La restricción en la ingesta está relacionada con el tamaño del tubo gástrico y, además, produce una disminución drástica y mantenida de la producción de grelina, producida en su mayor parte en el fundus gástrico. La aceleración del vaciamiento gástrico produce una elevación de la GPL-1 y de la PYY relacionadas con la saciedad. La malabsorción es selectiva. El asa digestiva (AD) absorbe con facilidad los hidratos de carbono y la absorción de proteínas es suficiente. Las grasas no se absorben nada más que en el asa común (AC), y cuanto más corta sea, menos absorción. El CD es muy efectivo para el control de las comorbilidades que acompañan el SM[201,202].

El CD ha demostrado tener muy buenos resultados en cuanto a pérdida de peso y resolución de comorbilidades aun a riesgo de tener un mayor índice de efectos colaterales[203].

❖ **Operaciones restrictivas.**

El efecto principal que se obtiene con las técnicas restrictivas es la reducción del volumen total de alimento ingerido. Su fundamento es inducir precozmente saciedad tras la ingestión. Para ello se emplean dos mecanismos: reducir el reservorio gástrico (a unos 30-50 ml) y dificultar su vaciamiento[204]. Cuando este reservorio se llena de alimento, se obtiene una sensación de saciedad temprana y de plenitud que frena la ingesta o incluso puede provocar el vómito si se intenta continuar ingiriendo alimento. Se mantiene la integridad anatómica y funcional del tubo digestivo permitiendo preservar el píloro, así como las funciones de digestión y absorción de los nutrientes de forma natural[205]. La reducción del volumen ingerido se asociará a una pérdida significativa de peso siempre y cuando se siga una dieta equilibrada y no ingieran alimentos hipercalóricos que aportan muchas calorías en poco volumen. Por eso las características y motivación del paciente parecen tener una gran influencia en el resultado final.

Se consideran técnicas beneficiosas por los siguientes motivos[196]:

➤ Bajo porcentaje de complicaciones (< 10%).
➤ Baja tasa de mortalidad (< 1%).
➤ Pérdida de peso a corto plazo (50% aprox.) aunque a los 5 años alrededor de un 40% producen una reganancia de peso.

Las principales técnicas restrictivas son:

1. **Gastrectomía vertical laparoscópica (GVL).**

Es la técnica más sencilla de todas las empleadas en la cirugía bariátrica, con un uso muy frecuente en todo el mundo. De un 4% en 2003 se ha pasado a un 27% en 2012[206]. Sin embargo, requiere un control estricto de la ingesta y la pérdida de peso no siempre es óptima. No debe emplearse ni en grandes obesos ni en pacientes con una ingesta elevada de glúcidos[207]. La técnica consiste en crear un tubo gástrico desde cardias hasta píloro de menos de 2 cm de diámetro cuya eficacia se basa en dos mecanismos: en primer lugar, produce saciedad temprana y, en segundo lugar, reduce los niveles de grelina, hormona estimuladora del apetito (Imagen 1).

Imagen 1. Técnica *gastrectomía vertical laparoscópica* (GVL)

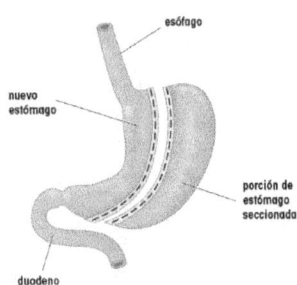

esófago

nuevo estómago

porción de estómago seccionada

duodeno

Los resultados del Registro Nacional de GVL[208], indican un 11,7% de complicaciones en el postoperatorio. Esta elevada tasa probablemente se explica por el rápido auge de la intervención en nuestro país y la realización de la misma por nuevos cirujanos que han tenido que sufrir las consecuencias de la curva de aprendizaje. Estos resultados también ponen de manifiesto la diferente evolución de los pacientes muy obesos y los mayores de 50 años, con una elevada tasa de fracasos (> 35%) a largo plazo.

2. Banda gástrica ajustable (BGA).

A pesar de sus controversias, esta técnica aún representa el 17,8% de las indicaciones de cirugía bariátrica a nivel mundial, según indica el trabajo publicado por Buchwald y Oien en 2013[209]. Su función principal es la limitación de la cantidad de alimentos ingeridos. Sin embargo, el mecanismo no es puramente restrictivo, sino que más bien actúa regulando el apetito e induciendo al paciente una saciedad precoz y duradera. La técnica[210] se basa en la colocación de una banda de silicona abrazada al estómago dividiéndolo en dos. La banda, colocada debajo del cardias, se conecta a un puerto mediante un manguito que se hincha con suero fisiológico permitiendo ajustar su volumen (Imagen 2). El paciente, al llenar su estómago resultante de forma rápida tiene una saciedad precoz por lo que ingiere menos cambiando con ello su conducta alimentaria.

Imagen 2. Técnica *banda gástrica ajustable (BGA)*

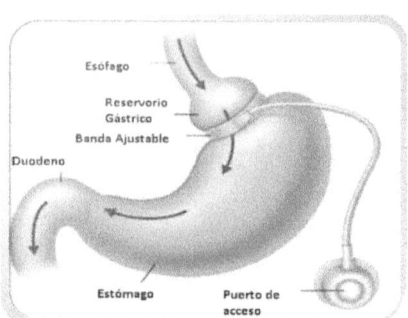

Actualmente su uso no está muy extendido ya que se asocian complicaciones como erosiones y deslizamiento de la banda produciendo fracaso a largo plazo[211,212].

Con la BGA la pérdida de peso a los 3-5 años es significativamente inferior a la obtenida con otras técnicas bariátricas como bypass o gastrectomía vertical; sin embargo, en los estudios a largo plazo (> 5 años) la tendencia es que dicha pérdida se pueda igualar[213]. La pérdida de peso se sitúa entre el 40 y el 60%, manteniéndose esta cifra incluso a los 15 años de seguimiento[214].

❖ **Operaciones mixtas.**

Las operaciones mixtas para el tratamiento de la obesidad mórbida combinan restricciones en el tamaño del reservorio gástrico con derivaciones intestinales que reduzcan la superficie absortiva. La técnica que las representa es el:

1. Bypass gástrico (BG).

Desarrollada inicialmente por Mason en 1967 y modificada por numerosos autores. Es en 1993 cuando Wittgrove la realiza por primera vez por vía laparoscópica. Actualmente es la intervención quirúrgica más realizada para el tratamiento de la obesidad mórbida, representando entre un 60% y un 70% del total[215]. Es reversible, tiene una morbimortalidad baja y un bienestar postoperatorio bueno, con pérdidas de peso del 60-70% del exceso de peso a largo plazo[216]. Ya en 2003 la IFSO publicó unos datos que señalaban que un 25,6% del total de intervenciones realizadas fueron mediante el bypass gástrico laparoscópico[217]. La máxima pérdida de peso se consigue a los 2 años, estabilizándose a lo largo de los años[218]. Los principales efectos secundarios son vómitos y déficit de vitamina B_{12}[219]. La técnica se basa en la creación de una cámara gástrica pequeña aislada del resto del estómago, conectada con la parte distal del yeyuno, junto a una yeyuno-yeyunostomía a 50-150 cms de la unión gastroyeyunal (Imagen 3).

Imagen 3. Técnica *bypass gástrico* (BG)

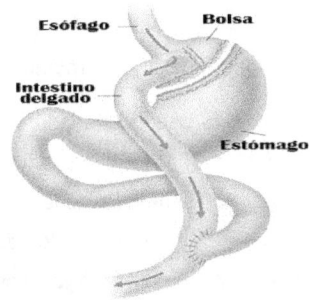

Uno de los problemas que acarrea el bypass gástrico es el acceso al estómago desfuncionalizado. Constituye la mayor parte del órgano y, por supuesto, puede desarrollar diferentes enfermedades. Algunas tan frecuentes como la úlcera péptica, otras tan graves como el adenocarcinoma gástrico[220].

1.6.5.3. Evolución de las comorbilidades

Ajustándonos a los resultados y a la medicina basada en la evidencia se puede afirmar que la cirugía bariátrica es el mejor método existente para tratar las enfermedades asociadas a la obesidad mórbida, convirtiéndose incluso en un factor protector para el desarrollo de otras nuevas[221,222]. Se describen de forma general las principales:

> **Patología cardiovascular:**

Estudios recientes[223] indican que la cirugía bariátrica disminuye la prevalencia de HTA casi a la mitad, y en la mayoría hay una mejoría considerable de sus factores de riesgo como son la función ventricular, la circulación microvascular coronaria y la repolarización ventricular. Se considera que por cada 1% de pérdida de peso se puede disminuir 1 mmHg en la presión arterial sistólica y de 2 mmHg en diastólica. Todos los procedimientos bariátricos analizados demuestran un efecto beneficioso sobre la HTA, mejorando en el 78% de los casos[224]. Esta mejoría produce una disminución de la mortalidad asociada a los problemas cardiovasculares[225].

> **Síndrome Metabólico, DM2 y dislipemia:**

Los mecanismos hormonales desencadenados tras la cirugía, especialmente con la exclusión duodenal al tránsito alimentario, junto a la restricción calórica genera una rápida y significativa mejoría de la DM2 en la mayoría de los casos (un 87% aprox.), principalmente con la técnica del bypass gástrico y el cruce duodenal[226]. Se produce un aumento de la sensibilidad a la insulina y a la leptina, disminuyendo los de la grelina. Cerca del 78% se soluciona

67

directamente tras la intervención, además de reducir el riesgo de padecerla en un 30%[227].

Los pacientes que han sido operados, cuando alcanzan un IMC de 30 kg/m², se produce una disminución de la dislipemia (colesterol total, LDL y triglicéridos) en un 80% de los casos[228]. El estudio *Swedish Obese Subjects* (SOS)[229] a 10 años de seguimiento, se aprecia una disminución de la hipertrigliceridemia entre los pacientes del grupo sometido a cirugía bariatrica, respecto al grupo control. La fracción HDL de colesterol estaba disminuida en el seguimiento a dos años, pero no en el seguimiento a 10 años, y respecto a la hipercolesterolemia, no se apreciaban diferencias entre ambos grupos, en el seguimiento a dos años, ni en el seguimiento a 10 años[230].

➢ **SAOS:**

Aproximadamente un 80% de los pacientes sometidos a cirugía bariátrica interrumpen el tratamiento con presión positiva continua en la vía aérea (CPAP) ya que hay una severa disminución de la apnea, sobre todo entre los 3 y los 12 meses[221]. Sin embargo, si se produce una reganancia de peso el riesgo de una recidiva es alto. Algunos estudios concluyen que tras pocos años de la intervención se produce una mejoría de la patología pulmonar de forma global, pero más en concreto en la enfermedad obstructiva crónica (57,7 a 16,2%), asma (7,6 a 1,2%) y desórdenes del sueño (30,5 a 10,6%)[222].

➢ **Patología digestiva:**

Tras la intervención quirúrgica se dan importantes mejorías en patologías digestivas presentes en la población con obesidad mórbida, como en esteatosis, actividad necroinflamatoria y fibrosis hepática, mejorando mucho la alta prevalencia de hígado graso no alcohólico[231]. También incide forma significativa en la enfermedad por reflujo gastroesofágico presente en casi el 40% de los pacientes operados, mejorando el ardor, regurgitación y contenido biliar[232]. La litiasis biliar, otro problema muy presente en los obesos, disminuye considerablemente, aunque se ha observado que los pacientes aumentan la colelitiasis postoperatoria, proponiendo algunos expertos una estrategia de "colecistectomía selectiva" para paliar este problema.

> **Osteoartritis:**

Con la cirugía bariátrica la mayoría de los pacientes mejoran la clínica de osteoartritis, sobre todo en los que padecen artrosis de rodilla, donde se ha demostrado un beneficio claro, enlenteciendo la progresión de la enfermedad, al disminuir la carga de la articulación. Los pacientes señalan que tras la operación disminuyen la dosis de analgésicos requerida para el tratamiento sintomático de su artritis, aunque algunos informan de un aumento del dolor de espalda en el periodo de pérdida rápida de peso[233]. Respecto a la cirugía de artroplastia de rodilla, muchos traumatólogos defienden incluso la realización primero de la cirugía bariátrica, y posteriormente, cuando ya se ha obtenido una importante pérdida de peso, la protésica de rodilla, puesto que este tipo de cirugía de artroplastia protésica, en los pacientes obesos mórbidos, obtiene muy malos resultados[234].

> **Calidad de vida:**

Las mejoras en la calidad de vida es uno de los aspectos más significativos en los pacientes intervenidos, por las mejoras existentes respecto al periodo preoperatorio, tanto físicas como mentales. La mejoría ocurre sobre todo a los 6-12 meses tras la cirugía, comenzando a ser menos marcada a los dos años de la intervención, dependiendo de la evolución en el mantenimiento del peso y el estado del contorno corporal[235]. Los cambios en la calidad de vida después de 2 años de seguimiento son relacionados con la magnitud de la pérdida de peso; cuanto mayor es la reducción en el peso, más aumenta la calidad de vida[236]. Entre las distintas causas de esta mejoría están, fundamentalmente, la mejora de las comorbilidades descritas, además de otras que no hemos mencionado y que no suelen ser invalidantes, pero que sí influyen enormemente, como son las relacionadas con el funcionamiento social, familiar, laboral y sexual[237]. Se adquiere más autonomía en las actividades básicas de la vida diaria, provocando una mayor satisfacción personal global. Diferentes estudios[238,239] señalan como indicadores de la mejora de la calidad de vida al aumento de la actividad social y mejoras en la obtención de más trabajo tras la cirugía.

1.6.5.4. Cirugía de la obesidad en la infancia-adolescencia y en mayores de 65 años.

> Infancia-adolescencia

Durante los últimos años se ha experimentado un aumento de la cirugía en los menores de edad, principalmente en EE.UU. donde no subscriben grandes limitaciones. No existe en la literatura notificaciones de cirugía bariátrica en menores de 11 años. Es difícil pensar en una mala absorción de los nutrientes en los niños ya que se encuentran en crecimiento. El consenso general es que, si se realizan, deberían hacerse en niños que hayan completado su desarrollo óseo, o al menos el 90% del mismo, junto a un desarrollo puberal de Tanner 4-5 y una evaluación paidopsiquiátrica favorable[240]. Dicha evaluación ha de contener además una historia clínica y exploración física completa sobre todo para intentar detectar una obesidad secundaria, síndromes malformativos y comorbilidades asociadas. Se recomienda en niños con un IMC > 50 kg/m^2 con comorbilidades menos graves o mayor de 40 Kg/m^2 si tienen una patología grave asociada[241].

La técnica GVL está siendo cada vez más utilizada en esta población. Aunque todavía no hay datos significativos de su eficacia a medio y largo plazo, parece que las tasas de complicaciones nutricionales son bajas[242]. Estudios recientes sobre adolescentes[243], con un IMC de 50 kg/m^2 y con 2 años de seguimiento señalan datos significativos: pérdidas del 62% del sobrepeso, resolución del SAOS y DM2 cercanos al 90% y tan solo un 4,6% de complicaciones menores. Las técnicas menos recomendadas son el CD y la DBP debido a los déficits nutricionales que provocan. La pérdida de peso y la mejoría de las comorbilidades con las diferentes técnicas no son diferentes que las obtenidas en los adultos. La cirugía mejora el estado psicofísico de niños y adolescentes, los síntomas sobre todo depresivos y de baja autoestima, así como las relaciones con la familia y con iguales. Por eso es importante que la familia se involucre en el seguimiento de su hijo en todo momento en coordinación con el equipo multidisciplinar participante[244].

Surgieron unas Guías para la cirugía bariátrica en adolescentes como la americana o la europea en 2007[245] (Tabla 9). Estas guías ponen el punto de atención en la necesidad de que los centros implicados en el planteamiento quirúrgico del adolescente posean una amplia experiencia en este tipo de tratamiento, así como la capacidad de ofrecer un verdadero enfoque multidisciplinar (nutricional, quirúrgico y psicológico, entre otros).

Tabla 9. Recomendaciones de la Guía europea para la cirugía bariátrica en adolescentes

Recomendaciones
• IMC > 40 (o superior al percentil 99,5 para la edad) y por lo menos una comorbilidad.
• Seguir un programa de pérdida ponderal estructurado en un centro especializado durante al menos 6 meses.
• Obtener un consentimiento informado con respaldo familiar y psicosocial.
• Compromiso de cumplimiento de la dieta postquirúrgica evaluada a cargo de un grupo pediátrico especializado (anestesista, enfermería, cuidados postquirúrgicos o psicología).
• Motivación del menor y madurez psicológica.
• Demostrar madurez esquelética y del desarrollo.
• Participar en la evaluación médica y psicológica antes y después de la operación.

Fuente: Elaboración propia, extraido de Fired M. Interdiciplinary European guidelines on surgery of severy obesity. *Int J Obes.* 2007; 31: 569-677.

La morbimortalidad postoperatoria en niños y adolescentes es similar, o incluso menor, que la de los adultos[240].

➢ **Mayores de 65 años.**

Aunque no es una práctica generalizada, en muchos países como España, la cirugía de la obesidad en mayores de 65 años está aumentando debido a las complicaciones que puede generar. En EE.UU., donde no se considera una contraindicación la edad, se precisa de una evaluación más exhaustiva en este tipo de población[76]. A partir de 70 años no es frecuente encontrar en la literatura exposición de casos intervenidos[246]. Los pacientes mayores tienen más tendencia a sufrir más complicaciones postoperatorias (hasta un 32%) siendo éstas más severas que las padecidas con edades adultas. Son muy frecuentes la trombosis venosa profunda, las complicaciones respiratorias, las hemorragias y la infección de la herida[247].

Todas las técnicas se han utilizado con personas mayores, siendo el BG el más utilizado[248]. Se considera muy importante valorar el estado de la dentadura, así como la capacidad de realizar actividad física con esta técnica. La pérdida del peso suele ser inferior a la del resto de pacientes, oscilando un PSP entre un 55 y 68% en los dos primeros años y del 49% a los 5 años. Con el resto de técnicas estos valores disminuyen[247].

La literatura describe tasas de morbimortalidad en los pacientes mayores de 65 años entre el 0,5% y el 3,5%, con mayor frecuencia en aquellos que sufren cardiopatías, nefropatías y hematopatías[249]. Para estas edades, lo más importante es favorecer la mejora de la movilidad y a la autonomía, así como la polimedicación. Los problemas osteoarticulares no mejoran tanto como la DM, el asma o el SAOS[250].

1.6.5.5. Costes / beneficios de la cirugía bariátrica.

Según el estudio ENRICA 2010[251], la prevalencia de la obesidad mórbida en España ha aumentado un 200% en los últimos 10 años; con un 5-8% de pacientes con un IMC > 35 Kg/m^2 y un 1% con IMC > 40 kg/m^2. A pesar de que la prevención es la medida más efectiva con los pacientes obesos mórbidos[252], cuando la obesidad supera un IMC > 40 Kg/m^2, ninguna medida preventiva o terapéutica ha conseguido una eficacia superior al 10% a excepción de la

72

cirugía bariática, que ha demostrado ser el tratamiento más eficaz en la actualidad para la obesidad mórbida (grado de evidencia A1), consiguiendo remisión de las comorbilidades en más de un 60% de todos los pacientes y aumentando la esperanza de vida en más de 10 años[253,254].

No hay datos referentes a costes indirectos de la cirugía bariátrica en España o en otros países (referentes al coste de las bajas laborales, seguimientos, revisiones), pero sí sobre costes directos[255]. El SNS español, en 2012[256], ha definido un coste medio del tratamiento quirúrgico de la obesidad de 7.468 euros, mientras que en EE.UU. entre 2004 y 2008, la cifra alcanza los 19.746 dólares[257]. En Finlandia, el coste medio por procedimiento en 2011 se sitúa en torno a 14.600 euros[258]. Estos gastos, de atribución compleja, están justificados debido al alto beneficio obtenido, no ya solo en términos económicos, sino principalmente en los beneficios personales (mayor calidad de vida, aumento del bienestar sociofamiliar, mayor formación e inserción laboral)[259].

En España, según el Portal Estadístico del SNS, entre los años 2005-2010 se intervinieron 2.830 pacientes/año en Hospitales de la Red Sanitaria Pública, con una estancia media de 6-8 días, a los que habría que sumar los de la red privada. Según los datos de prevalencia de la obesidad mórbida y de intervenciones anuales registradas por el Ministerio de Sanidad, en los 5 años anteriores a 2013, se habría intervenido alrededor del 5,24% de los posibles candidatos[255].

Las tasas de mortalidad de los pacientes intervenidos, respecto a los que no, son de un 33% menos[167]. La remisión de las comorbilidades se sitúa entre un 65 y un 85%, incidiendo notablemente en los costes sanitarios que se ahorran en su tratamiento[260,169]. Estos beneficios se ponen de manifiesto en algunos estudios[167,261] donde los pacientes operados tuvieron significativamente menos diagnóstico de cáncer (2% vs. 8%), menos problemas cardiacos (5% vs. 27%), menos infecciones (9% vs. 37%), menos artritis (5% vs. 12%) y menos problemas respiratorios (3% vs 11%).

Se identifican elementos concretos en donde se reduce el gasto y se aumenta el beneficio[262], como son:

➢ Ahorro en medicamentos.

- ➢ Ahorro en prestaciones.
- ➢ Resolución de bajas e incapacidades laborales y su inserción laboral.
- ➢ Disminución de muertes prematuras en población activa.

2.- ALTERACIONES PSICOPATOLÓGICAS RELACIONADAS CON LA OBESIDAD MÓRBIDA

2.- ALTERACIONES PSICOPATOLÓGICAS RELACIONADAS CON LA OBESIDAD MÓRBIDA

2.1. Psicopatología en la obesidad mórbida

En términos de impacto social, los trastornos psiquiátricos se encuentran entre los más graves de todos los tipos de enfermedades, debido a su alta prevalencia, cronicidad frecuente, la edad temprana de inicio, y sobre todo porque se acompañan de un deterioro grave de la calidad de vida.

La calidad de la investigación en el campo de la comorbilidad psiquiátrica en los pacientes con obesidad mórbida ha mejorado considerablemente en los últimos años. Sin embargo, la correlación entre psicopatología y obesidad mórbida es todavía compleja y muchas veces mal entendida. La mayoría de investigaciones describen controversias entre la presencia o ausencia de trastornos psiquiátricos preoperatorios y su relación con la pérdida de peso después de la cirugía[263-267].

Algunos estudios señalan que un 73% de los pacientes con obesidad mórbida que buscan el tratamiento quirúrgico como solución a su enfermedad refieren haber tenido algún tipo de alteración psiquiátrica a lo largo de su vida[268-270], y entre un 20-60% padecen en la actualidad un trastorno psiquiátrico, como depresión o ansiedad[124,271-273].

Investigaciones recientes[274] sugieren que la acción de comer de forma extrema es una reacción inadaptada a emociones negativas producto de la angustia psicológica que contribuye al desarrollo de la obesidad. Otras[275], por el contrario, señalan que el estigma social y las consecuencias negativas en la salud relacionadas con la obesidad mórbida conducen a padecer trastornos psiquiátricos en individuos psicológicamente sanos. De hecho, muchas personas con obesidad extrema no presentan psicopatología.

El excesivo tamaño y peso corporal que caracteriza a este tipo de obesidad incrementa el riesgo de sufrir accidentes, dificultades para llevar a cabo actividades básicas como la mera deambulación, problemas de sueño o dolores diversos, entre otros, de tal forma que la pauta general es que el individuo con grados elevados de obesidad se encuentre ampliamente limitado para el desarrollo de una vida social, familiar o laboral normal[276]. Como consecuencia de esto los pacientes con obesidad mórbida presentan una peor *calidad de vida* y una menor expectativa o esperanza de vida.

Los estudios acerca de la relación existente entre IMC y comorbilidades psiquiátricas sugieren que a mayor IMC, mayor incidencia de desorden psiquiátrico[271,277,278]. En la población obesa, entre 40-70% de los individuos con IMC >35 kg/m^2, presentan enfermedades mentales[279,112]. Sin embargo, en la actualidad, todavía no existe clara evidencia de que la prevalencia de los trastornos psiquiátricos en obesos mórbidos sea mayor con respecto a la población con un peso normal[280,281].

Varios estudios han comparado las tasas de prevalencia de psicopatología psiquiátrica entre la población general, las personas obesas que no buscan tratamiento y los obesos mórbidos tratados con cirugía bariátrica. Destacan tres grandes investigaciones que examinaron dichas tasas en grupos de EE.UU., Alemania e Italia. Los datos para la estimación de la población general en la población adulta de EE.UU. fueron tomados de la National Comorbidity Survey-Replication (NCS-R) [282,283], y para la población italiana y alemana se derivaron del European Study of the Epidemiology of Mental Disorders (ESEMeD)[284-286]. Los 3 estudios se basan en muestras representativas a nivel nacional y las evaluaciones se realizaron mediante la Composite International Diagnostic Interview (CIDI) que es una versión de la Encuesta Mundial de Salud Mental de la Organización Mundial de la Salud. La CIDI es una entrevista de diagnóstico estructurada administrada por profesionales para la evaluación de los trastornos mentales en acorde al sistema de clasificación del Diagnostic and

Statistical Manual of Mental Disorders (DSM-V). Los resultados concluyen que los datos de prevalencia de los obesos que no reciben tratamiento no difieren sustancialmente del grupo de la población general, tanto en la población italiana como en las muestras de EE.UU., sin embargo, en la población alemana era más alta. En los tres estudios se observó un patrón consistente para los candidatos a la cirugía bariátrica, donde las tasas de trastornos psiquiátricos eran considerablemente más altas en este grupo que los de la población general y de los que no reciben tratamiento.

La prevalencia de los trastornos psiquiátricos en los pacientes con obesidad mórbida es alta (entre un 55,1% y un 66% para los Trastornos del Eje I y entre el 22% y el 29% para los trastornos del Eje II) [287,288], ya sean a consecuencia de tensiones psicosociales derivadas de padecer la obesidad mórbida (trastornos adaptativos), como de factores favorecedores o desencadenantes de ésta (trastornos alimentarios y otros trastornos psiquiátricos) [277,289]. Algunos autores[290] indican que el 38,7% tiene un historial de vida con al menos un trastorno depresivo mayor, un 33,2% ha tenido un diagnóstico de abuso o dependencia del alcohol y un 10,1% un trastorno alimentario por atracón. Otros estudios[124] describen que el 46% de los pacientes que se habían sometido a cirugía presentaban episodios de atracón de comida de forma previa.

Una reciente revisión sistemática[291], en la que se incluyen 54 estudios publicados entre 2006 y 2014, señala diferencias en la prevalencia de trastornos de salud mental entre los candidatos a cirugía bariátrica (Tabla 10).

Tabla 10. Prevalencia de trastornos de salud mental en candidatos a cirugía

Trastorno	Prevalencia
Ansiedad	15%
Depresión	25%
Trastornos del estado de ánimo	27%
Trastornos de la alimentación	16%
Trastornos de la personalidad	1%

Trastorno de estrés postraumático	1%
Psicosis	7%
Trastornos por abuso de sustancias	7%
Ideación suicida / actos autolíticos	11%

Fuente: Elaboración propia a partir de Meggard MA, et al. Psychological Clearance for bariatric surgery: a systematic review. VA-ESP Proyect 05-226; 2014.

Los trastornos del estado de ánimo, depresivos y de ansiedad son considerados, por la mayoría de los investigadores, los trastornos psiquiátricos más frecuentes[292,293]. Las personas que buscan tratamiento médico para la obesidad (incluyendo cirugía o tratamiento farmacológico) son más propensos a tener un historial de depresión y ansiedad que los individuos obesos que buscan programas basados solo en la restricción dietética o en el control de peso[294]. Además, la comorbilidad asociada a la obesidad mórbida, como la DM, las enfermedades cardiovasculares y el SAOS, están relacionadas con trastornos psiquiátricos, como la depresión[295]. Diferentes estudios han comprobado que existe una probabilidad cinco veces mayor de haber experimentado depresión en aquellos pacientes cuyo IMC es de 40 kg/m^2 con respecto a las personas con normopeso[126]. El 25-30% de los pacientes padecen algún tipo de síntomas clínicos de depresión y un 27% síntomas de ansiedad[296,297]. Otros autores señalan a los trastornos afectivos y a los trastornos alimentarios como los más frecuentes frente al resto[298,268].

Algunos estudios[290,299] también han encontrado, en estos pacientes, tasas altas de prevalencia del trastorno por estrés postraumático (11,1%) relacionado con traumas infantiles e historias de abuso sexual.

La prevalencia del trastorno por abuso de sustancias presenta igualmente tasas elevadas. El abuso de alcohol es el más común (20-30%)[288]. Sin embargo, algunos autores[300] señalan que, menos del 1% cumplieron con los criterios diagnósticos para el trastorno en el momento de la evaluación prequirúrgica. Una posible hipótesis que sugieren es la relación inversa significativa entre el IMC y el consumo de alcohol, detectando que el abuso de sustancias remite cuando el descontrol de la conducta alimentaria predomina porque el alimento puede competir con el alcohol para los sistemas de recompensa del cerebro, por lo que el alcohol actuaría con menos poder de refuerzo. Otros autores[282] respaldan esta idea, al informar que la obesidad se asocia con una disminución de aproximadamente 25% en las probabilidades de padecer un trastorno por abuso de sustancias.

Respecto al género la mayoría de investigadores[288,268,301] coinciden en que las mujeres con obesidad mórbida, en general, muestran mayores tasas de prevalencia de las formas más comunes de la psicopatología en comparación con los hombres, sobre todo el trastorno depresivo mayor, trastornos afectivos y trastornos de la conducta alimentaria.

Los pacientes obesos mórbidos con TA tienen tasas significativamente más altas de trastornos psiquiátricos del Eje I y Eje II en comparación con los pacientes obesos sin dicho trastorno alimentario[302,303]. Hay una clara evidencia de la asociación positiva entre los trastornos de alimentación y la alta presencia de psicopatología. Este hallazgo parece consistente independientemente de los métodos de muestreo y de evaluación[304,305].

La obesidad mórbida conduce a una mayor insatisfacción con la imagen corporal, representando una fuente importante de comorbilidad a nivel psicológico. Una percepción negativa de la imagen corporal se asocia con importantes consecuencias psicosociales como son la depresión, problemas de funcionamiento ocupacional, mal funcionamiento sexual y baja autoestima[265]. Se han encontrado relaciones entre la insatisfacción corporal y otras variables que actúan como predictores de la misma, como son: el género, los atracones, y el perfeccionismo[306,307].

2.2. Cirugía bariátrica y psicopatología

Resulta difícil conocer el impacto de la psicopatología en los resultados postquirúrgicos ya que, en la mayoría de los países en donde se practica la cirugía bariátrica, los pacientes con alguna patología psiquiátrica son excluidos de la misma.

Aunque la literatura actual no establece predictores claros y en muchos de los casos los resultados son contradictorios, la mayoría de los estudios señalan que los pacientes con trastornos psiquiátricos tienen mayor riesgo de sufrir complicaciones somáticas y psicológicas después de la cirugía bariátrica[16], por lo que la persistencia de psicopatología tras la cirugía está asociada con un peor resultado[273,308,309]. Otros autores[310], por el contrario, indican que pacientes con algún tipo de alteración patológica antes de la cirugía no se diferencian de otros sin ninguna alteración en cuanto al tipo de resultado tras la cirugía. Un estudio[311] recientemente publicado sobre las variables que pueden estar influyendo en la pérdida del peso tras un año desde la cirugía sugiere cinco dominios que pueden estar relacionados con su evolución: los factores prequirúrgicos, las variables psicológicas postquirúrgicas como la personalidad, los patrones alimenticios postquirúrgicos, la actividad física postquirúgica y el seguimiento clínico postquirúrgico. Otros estudios[312] no encuentran relación entre la presencia y la ausencia de los trastornos psiquiátricos antes de la operación y la pérdida de peso después de la cirugía. Después de 6 años, sugirieron que ningún estado psiquiátrico, problemas emocionales ni tampoco los trastornos de personalidad influyen o predicen los resultados de la pérdida de peso. Una reciente revisión bibliográfica[313] concluye que las conductas postquirúrgicas de ingesta incontrolada y la presencia de trastornos depresivos predicen negativamente el resultado de la pérdida de peso; mientras que la adhesión a programas de actividad física y dietéticos se asocian con un resultado positivo en el mantenimiento de la reducción del peso.

Otras investigaciones[314] han demostrado que la disminución de peso después del tratamiento quirúrgico depende de varios factores, entre ellos, del estado psiquiátrico previo de los pacientes. Observaron que los pacientes con enfermedad psiquiátrica atendidos en forma adecuada previo a la cirugía, a los dos años de la cirugía logran disminuir significativamente el peso, en comparación al grupo que no recibe esta atención.

Algunos estudios han encontrado una reducción insuficiente del peso después de la operación en presencia de trastornos de personalidad preoperatorios[315], de trastornos del humor[316], o trastornos de la alimentación[317]. Sin embargo, y de forma contraria, otras investigaciones[263-267] no pudieron encontrar ninguna relación significativa entre la presencia o ausencia de trastornos psiquiátricos preoperatorios y la pérdida de peso después de la cirugía.

Un estudio llevado a cabo en 2008[124] informó sobre la relación de los trastornos psiquiátricos preoperatorios y los resultados 6 meses después del bypass gástrico. Encontraron que la presencia de trastornos del Eje I, especialmente el trastorno del estado de ánimo o ansiedad se asoció con unos pobres resultados después de la cirugía. Sin embargo, los trastornos de la personalidad del Eje II no estaban relacionados con los resultados a los seis meses.

Otro grupo de investigadores[273] han profundizado en la importancia pronóstica de la ansiedad y de los trastornos depresivos, llevada a cabo antes de la cirugía y después (entre los periodos de 6-12 meses y 24-36 meses de seguimiento). Concluyen que la prevalencia puntual de los trastornos depresivos, pero no de los trastornos de ansiedad, disminuyen significativamente después de la cirugía. La depresión preoperatoria predice los trastornos depresivos a los 24-36 meses después de la cirugía, pero no a los 6-12 meses, mientras que la ansiedad preoperatoria predice trastornos de ansiedad postoperatorias en ambos puntos temporales de seguimiento. Otras investigaciones contradicen estos resultados al no encontrar una relación significativa entre la pérdida de peso y la ansiedad y síntomas depresivos tras dos años de seguimiento[318]. Por el contrario, dos estudios sugieren que la presencia de un trastorno depresivo postquirúrgico se asocia con peores resultados en la pérdida de peso, tanto a los 2-3 años[273] como a los 5 años[310].

A pesar de que hay trastornos psiquiátricos que contraindican la cirugía en los obesos mórbidos (esquizofrenia, trastornos afectivos graves, dependencia al alcohol y trastornos por uso de otras sustancias), existen estudios que han encontrado un efecto favorable de la cirugía bariátrica sobre el curso y resultado en algunos de ellos, tales como el trastorno bipolar[319], la esquizofrenia[320] y el síndrome de Prader-Willi[321]. Sin embargo, en todos se han hallado varias limitaciones. Por un lado, no todas las variables son directamente comparables en todos los grupos que se han utilizado. Por otro, la información descriptiva de algunas de las muestras es bastante limitada, y en los datos obtenidos no se pudo evaluar la influencia de otras variables importantes como son las comorbilidades asociadas.

En los individuos postobesos que se han sometido a la cirugía bariátrica, la inconformidad y la insatisfacción con el cuerpo son similares a las de los pacientes obesos mórbidos no intervenidos. Solo algunos aspectos de la imagen corporal mejoran después de la intervención, mientras que otros no. Varios estudios[322,323] indican que los resultados después de 6 meses y 1 año tras la operación del BG mejoran los aspectos más severos con respecto a la distorsión de la imagen corporal (todo lo referente a las conductas de evitación hacia el propio cuerpo y la distorsión severa de la imagen corporal) debiéndose este efecto principalmente a la normalización de los patrones alimentarios tras la operación y no a la pérdida de peso.

Otros autores[324] señalan que, tras la cirugía, las mejorías de evaluación de la apariencia fueron altamente significativas, asociadas a un incremento en la calidad de vida, y a unas bajas puntuaciones con respecto a la insatisfacción corporal. La pérdida de peso inducida quirúrgicamente se acompaña generalmente por una mejora terapéutica, no inducida, de las actitudes individuales hacia el peso corporal y la forma. Del mismo modo, en muchos casos la construcción de la imagen corporal continuó siendo inaceptada, a pesar de la pérdida estable del peso. Los efectos de los procedimientos de cirugía plástica son multifacéticos y las implicaciones psicológicas todavía no están claramente identificadas.

El impacto positivo de la cirugía sobre la calidad de vida cada vez es más evidente en la literatura existente, y son pocos los estudios que no encuentran una mejoría significativa. Tanto el descenso de la psicopatología como la normalización de los individuos ayuda a ello. La mayoría de los investigadores[325-327] sugieren una clara mejora postquirúrgica en la apreciación por la vida, gran sensación de fuerza interna y mejoría de las capacidades individuales, tanto cognitivas como sociales. Los pacientes señalan cambios positivos al año y a los dos años de la intervención, incluyendo aumento en el nivel de actividad, mejora de las propias habilidades y en el funcionamiento ocupacional[328-330].

Sin embargo no todas las experiencias relacionadas con la pérdida del peso son positivas, ya que en muchos pacientes aparecen a los pocos años de la intervención experiencias negativas como crisis de identidad, vómitos persistentes, rechazo hacia la restricción en la elección de las comidas y su prolongación en el tiempo, decepción por no poder alcanzar un aspecto normal de su cuerpo debido a la flacidez de la piel, a los pechos y muslos caídos (especialmente en aquellos casos en donde la pérdida de peso ha ido muy rápida). En el caso de los pacientes que padecen un trastorno de personalidad generalmente muestran menos satisfacción con la calidad de vida antes y después de la operación, posiblemente debido a una menor flexibilidad propia del trastorno que le impide adaptarse a la nueva situación y a las fuertes demandas de control con respecto al comportamiento alimentario que lleva consigo el postoperatorio[308,315].

2.3. Variables psicológicas relevantes

A continuación, se describen cuatro variables relevantes para el estudio y comprensión de los pacientes intervenidos. Representan constructos psicológicos configurados a partir de la relación recíproca de la persona (factores biológicos y psicológicos) con su entorno familiar y social. En gran medida, explican muchas de las cogniciones, emociones y conductas que dispone el ser humano para adaptarse a su medio y resolver las demandas diarias que la vida le solicita. El éxito o fracaso en la adaptación depende, en numerosas ocasiones, de cómo estas variables son utilizadas para buscar la solución más óptima.

Desde un punto de vista psicológico, la obesidad mórbida, tratada como enfermedad, puede explicarse en cierta medida a través de la interacción de estas variables con la ingesta de comida. Comprender dicha interacción, desde un punto de vista clínico, puede aportar información sobre la forma de mantener o superar la enfermedad.

2.3.2 Personalidad

85

La personalidad es una cualidad que nos hace a cada uno diferente de los otros e iguales a nosotros mismos a lo largo de la vida. Constituye un patrón profundamente incorporado de "rasgos" cognitivos, afectivos y conductuales manifiestos que persisten por largos periodos de tiempo. Según las investigaciones más relevantes[331-336], la personalidad es explicada como una solución de superfactores o dimensiones, sustentados en estudios genéticos, neuropsicológicos y de análisis factorial.

El *carácter* es considerado como una combinación de valores, sentimientos y actitudes. Hace referencia a cómo una persona percibe a los demás o a las cosas y conceptos. Está influenciado por factores culturales de la sociedad. Por otro lado, el *temperamento* está conformado por un conjunto de rasgos determinados mayormente por la biología de una persona. Hace referencia a las reacciones emocionales del individuo, que vienen determinadas por su sistema endocrino y otros factores biológicos. Se entiende, por lo tanto, que la suma del carácter (temperamento + hábitos aprendidos) y el comportamiento da como resultado la personalidad[337].

En el ámbito de la psicología, las teorías "dimensionales o del rasgo"[338-340], explicativas del comportamiento humano, suponen la existencia de características estables en la estructura de la personalidad. Desde esta conceptualización, la personalidad está formada por una agrupación de rasgos relativamente estables y consistentes que determinan, explican y, hasta cierto punto, permiten predecir la conducta de cada persona. Suponen una tendencia o disposición hacia comportamientos específicos; un comportamiento específico, a su vez, puede ser la manifestación de un rasgo. Los "rasgos" psicológicos se diferencian de los "estados o síntomas" psicológicos en que éstos últimos hacen referencia a características que la persona presenta en una situación concreta o durante un periodo determinado de tiempo sin formar parte de él de forma estable, pudiendo aparecer y desaparecer. En contrapartida, los rasgos son tendencias de sentir, percibir, comportarse y pensar consistentes a través del tiempo y las situaciones. Se van configurando en la infancia, tras una disposición genética, y se desarrollan en función de las circunstancias vividas convirtiéndose en patrones de conducta regulares y sólidos a lo largo del tiempo. A pesar de ello, no son inmutables y la persona puede experimentar cambios que pueden suponer variaciones importantes en aspectos capitales de su vida. Tres son los factores que pueden realizar algunos cambios en la personalidad:

-*Evolutivos* relacionados con la edad.

-*Normativos* que se producen como respuestas a las demandas y exigencias del medio ambiente.

-*No normativos* que pueden ser de tipo personal exclusivamente (por ejemplo: los producidos por el estrés) o sucesos que alteren características importantes de la vida (por ejemplo: guerras, movimientos sociales, etc.).

En la descripción de la personalidad se pueden diferenciar aspectos psicológicos (*rasgos y tipos* de personalidad) y aspectos psicopatológicos (*trastornos* de personalidad). Los segundos constituyen una "versión patológica" de los primeros. No existen rasgos "buenos" ni rasgos "malos". Todos describen características de la persona en todas sus dimensiones. La exacerbación o gravedad de esos rasgos es lo que produce conductas rígidas, disfuncionales o patológicas en algunas áreas de la persona, provocando conflictos tanto internos como externos. Los individuos pueden tener rasgos patológicos sin llegar a constituir un trastorno de personalidad. Es la presencia de varios rasgos patológicos en alguna dimensión concreta de la persona y sus niveles de gravedad/disfuncionalidad, la que produce finalmente un trastorno específico de personalidad. Por lo tanto, los trastornos son considerados como exageraciones de los rasgos normales de la personalidad y están condicionados genéticamente (genotipos), pero siempre en interacción con factores psicosociales y contextuales[341]. Los rasgos solo constituyen trastornos cuando son inflexibles, desadaptativos, ominipresentes, de inicio precoz, resistentes al cambio y causan un deterioro general significativo. Según el último borrador de la CIE-11[342] los trastornos de personalidad se caracterizan por una alteración generalizada en la persona para pensar acerca de sí misma, los demás y el mundo, que se refleja en la experiencia, en la expresión emocional y en los patrones de comportamiento. Se asocia a problemas en el funcionamiento, evidentes en las relaciones interpersonales y se manifiestan a través de una gama de situaciones personales y sociales (es decir, no se limitan a relaciones o situaciones específicas). La perturbación ha de ser de larga duración (2 años o más).

En general los trastornos de personalidad tienen sus primeras manifestaciones en la infancia y son totalmente evidentes en la adolescencia y todos, excepto el antisocial, pueden diagnosticarse antes de los 18 años. Sin embargo, en algunos casos se desarrollan más tarde en la vida, en cuyo caso se puede utilizar el calificador de "inicio tardío".

Hasta la fecha ningún tipo definido de personalidad ha sido asociado con la obesidad. A pesar de ello nadie duda de su influencia en conductas relacionadas con la salud, incluyendo a la obesidad[343]. Una reciente revisión sistemática[344] indica que los rasgos de personalidad juegan un importante rol tanto como factor de riesgo como de protección en el desarrollo del sobrepeso y la obesidad. Como factores de protección para el aumento del peso señala la autoconciencia (como regulación interna de los impulsos) y el autocontrol de la conducta. Y como factores de riesgo el neuroticismo, la impulsividad y la sensibilidad al refuerzo positivo.

El estudio de la influencia de la personalidad sobre la obesidad extrema es escaso y en algunos casos contradictorio. Algunos investigadores han asociado algunos rasgos aislados de personalidad que pueden afectar a su desarrollo y/o mantenimiento, como son:

> *Alexitimia*: esta incapacidad para identificar, distinguir y expresar emociones se ha encontrado en un 42,9% de las personas que padecen obesidad severa[345].

> *Anhedonia y retirada social*. Se ha observado un mayor nivel de estos dos rasgos en personas con obesidad extrema en parte provocado por las limitaciones que causa la obesidad por motivos de salud y por la discriminación social que padecen[346].

> *Locus de control externo*. El obeso, en ocasiones, percibe que el origen de eventos, conductas y de su propio comportamiento es externo a él. Todo ocurre como resultado del azar, del destino, la suerte o el poder y

las decisiones de otros. De este modo, no cree poder controlar nada mediante su propio esfuerzo y decisión[345].

➤ *Impulsividad.* Se ha observado una relación entre el grado de obesidad y en niveles altos de *impulsividad,* siendo mayor en personas con obesidad extrema[347].

➤ Rasgos de *personalidad paranoide,* se ha encontrado mayores niveles en mujeres con exceso grave de peso que en hombres[348].

➤ Rasgos de *personalidad narcisista,* encontrándose una relación lineal entre el aumento de personas con obesidad que se han sometido a cirugía bariátrica y aquéllas que se someten a operaciones de carácter estético[324].

➤ *Neuroticismo,* caracterizado por una tendencia relativamente estable de experimentar y expresar emociones negativas como respuesta a la amenaza y la frustración, se ha asociado a niveles extremos de peso[349-351].

2.3.1 Estrategias de afrontamiento

En el contexto de la psicología de la salud, el término *afrontamiento* (*coping*) alude al conjunto de acciones internas y/o externas que utiliza el individuo voluntaria y conscientemente para hacer frente al estrés, o para superar una situación (problema) que valora como potencialmente desestabilizadora de su equilibrio psicológico.

El afrontamiento implica poner en marcha recursos personales, contextuales y sociales que interactúan entre sí e influyen en el modo de percibir los acontecimientos vitales estresantes, a la vez que condicionan el tipo de estrategias de manejo utilizadas y la efectividad de las mismas[352].

La obesidad mórbida puede concebirse como una situación de tensión mantenida que el individuo suele experimentar como amenazante y emocionalmente estresante. Las repercusiones de esta enfermedad pueden ser numerosas, y es muy probable que las personas que la padecen sufran importantes pérdidas en la esfera laboral, económica, familiar, social, sexual, etc. La amenaza de estas pérdidas llevará al sujeto en un primer momento a movilizarse para intentar controlar la enfermedad de una u otra forma. Se asume, por tanto, que los sujetos han de poner en marcha mecanismos de actuación para paliar los daños producidos en las diferentes áreas personales y sociales que la obesidad le genera. Dichos mecanismos, definidos como intentos de afrontamiento, se entienden como un conjunto de esfuerzos cognitivos y comportamentales utilizados para afrontar las demandas que la vida diaria provoca.

Las *estrategias de afrontamiento de los problemas* son rasgos que se mantienen relativamente estables en el tiempo ya que la persona los aprende y los interioriza e integra en su estructura psicológica, para luego utilizarlos a lo largo de su vida, pudiendo experimentar algunos cambios según las experiencias y los resultados obtenidos.

El afrontamiento de la obesidad mórbida puede orientarse al problema o a la emoción, teniendo consecuencias adaptativas o desadaptativas para el individuo, lo que le posibilita dirigir su conducta hacia un cambio positivo o, por el contrario, le ayuda a continuar manteniendo el problema[353].

El mecanismo de acción común esperado es el siguiente:

Paso 1º. La persona determina la naturaleza de una amenaza: las complicaciones derivadas de la obesidad.

Paso 2º. Valora los recursos para ocuparse de la situación: recursos personales, familiares, sociales y médicos.

Paso 3º. Prepara las acciones cognitivas y/o comportamentales para hacer frente al estresor o problema: el exceso de peso y las comorbilidades asociadas.

Paso 4º. Pone en marcha las conductas seleccionadas: cambio de hábitos y/o conductas alimenticias, aumento actividad física, etc.

Paso 5º. Evalúa los resultados: nivel de satisfacción personal.

Aunque se ha evolucionado mucho en los últimos 20 años, la información que tenemos acerca de cómo se afronta la obesidad mórbida es todavía limitada[354]. La obesidad entendida como un fracaso en el control alimentario y vivida como fuente de problemas tanto físicos como psicológicos precisa por parte de la persona estrategias que ayuden a su afrontamiento. Los pacientes que deciden aceptar un tratamiento para su obesidad optan por afrontar su problema utilizando herramientas como: la restructuración cognitiva, la resolución de problemas, la expresión emocional y el apoyo social.

A causa de un mecanismo de autorregulación cognitiva, independiente a la posible comorbilidad médica existente en las personas con gran obesidad, parece haber una disminución en las capacidades de concentración y cognición que, a veces, es reflejada en una menor expresividad y capacidad de resolución de problemas. Según un cuestionario de funcionamiento ejecutivo (Attention Network Test) [355,356], que mide la habilidad para conseguir y mantener un estado de alerta (*alerting*), las personas con obesidad mórbida presentan una disfunción cognitiva en la capacidad de orientarse ante un estímulo (*orienting*) y en la capacidad de resolver un conflicto (*executive attention*). También se detecta una reducida atención ejecutiva, una mayor dificultad de control y mayor número de emociones negativas. La falta de expresividad mejora con la pérdida de peso, ya que, generalmente, tras la disminución ponderal mejora el ambiente familiar[357].

También se ha observado en este tipo de pacientes una alta presencia del pensamiento dicotómico o catastrófico, que consiste en clasificar experiencias en una o dos categorías opuestas y extremas saltándose los hechos intermedios con una mayor tendencia a clasificarlas en la peor situación[358]. Sin embargo, los pensamientos o intentos de suicidio no alcanzan al 10% de esta población[359].

Encontramos estudios recientes que concluyen que el apoyo instrumental y la estrategia focalizada en la emoción son predictores positivos a los 6 meses de la evolución, aunque de forma moderada[312]. Todavía hay mucho por investigar en este campo dado que son escasos los trabajos que relacionan las estrategias de afrontamiento (coping) con el éxito en el tratamiento de la cirugía bariátrica.

2.3.3 Autoestima

La autoestima es la valoración afectiva que hace cada uno de sí mismo, de la manera de ser, del conjunto de rasgos físicos y mentales que configuran la personalidad[360]. Se forma a través de un proceso de asimilación y reflexión interna producto de las relaciones con personas socialmente significativas (padres, parejas, amigos, compañeros de trabajo, etc.) en función de las experiencias, las circunstancias y el contexto que nos rodea. El resultado de esta valoración personal puede dar lugar a diferentes grados de autoestima. Una autoestima *alta* equivale a sentirse capaz, valioso y aceptado como persona, mientras que una *baja* provoca sentimientos de invalidez y poca disposición para la vida. Un término medio de autoestima oscila entre los dos estados anteriores; las personas se sienten algunas veces más aptas y otras menos, lo que provoca conductas tanto sensatas como irreflexivas, reforzando en ocasiones posibles sentimientos de inseguridad.

El estudio de la *autoestima* desde siempre ha sido un constructo de gran interés clínico por su relevancia en los diversos cuadros psicopatológicos, así como por su asociación con la conducta de búsqueda de ayuda psicológica, con el estrés y con el bienestar general[361]. Muy particularmente se ha relacionado con diferentes enfermedades orgánicas, con cuadros de depresión, trastornos alimentarios, trastornos de personalidad y fobias sociales. La escala de autoestima de Rosenberg (1965) es una de las más comúnmente utilizadas al presentar un alto grado de fiabilidad y validez[362]. Respecto a su relación con la obesidad mórbida es una variable poco estudiada hasta la fecha.

Los resultados de diferentes estudios sugieren que a mayor grado de obesidad menor nivel de autoestima, y que con la disminución de peso se produce una mejora significativa[308,363]. Asimismo, otros refieren un menor nivel de autoestima en el sexo femenino, que disminuye al aumentar la edad[364,306]. Sin embargo, no se aprecian diferencias en el nivel de autoestima de aquellas personas con obesidad que han sufrido abuso sexual en comparación con aquéllas que no lo han sufrido[365,366].

El nivel bajo nivel de autoestima de las personas con obesidad mórbida está relacionado con una percepción de su imagen corporal negativa por lo que normalmente evitan situaciones sociales en las que exista comparación de la figura corporal[367,368]. Aunque el aumento de la insatisfacción corporal aparece fundamentalmente en adolescentes de sexo femenino, dicho aumento también puede deberse a la existencia de algún trastorno del comportamiento alimentario, síntomas depresivos, perfeccionismo o restricción dietética crónica (especialmente en mujeres) [306,369].

El grado de obesidad afecta negativamente a la percepción de uno mismo influyendo en las relaciones sociales[370]. Sin embargo, la disminución de peso y el apoyo familiar ayudan a mejorar el autoconcepto y la comunicación interpersonal[371].

2.3.4 Apoyo social

El apoyo social es el conjunto de provisiones expresivas o instrumentales - percibidas o recibidas - proporcionadas por la comunidad, las redes sociales y las personas de confianza, existentes tanto en situaciones cotidianas como de crisis[372].

Como personas de apoyo consideramos a todas aquellas que el sujeto los percibe como tal (parientes, vecinos, parejas, conocidos, compañeros de trabajo, profesionales de la salud o miembros de asociaciones).

El apoyo social está negativamente relacionado con la enfermedad. Esto es así porque dicho apoyo aumenta la autoestima y está estrechamente unido a la capacidad de enfrentarse a los problemas.

Aproximadamente un tercio de niños con obesidad de 10-12 años presentan problemas sociales debido a su comportamiento y una frecuencia relativamente alta de delincuencia, siendo esta mayor que en aquellos de la misma edad que no exceden de peso[373]. Además, muestran peores relaciones sociales causadas, en parte, por la discriminación social que sufren y/o perciben[374]. Las niñas de menor edad sienten una mayor discriminación social que aquéllas de mayor edad, teniendo en cuenta que esta discriminación es subjetiva[345]. Sin embargo, se aprecia una mejora en las relaciones sociales y una mejora psicosocial con la disminución de peso[325].

Las personas con altos grados de obesidad mórbida presentan más circunstancias económicas adversas que las personas que no la padecen, ya que en general, tienen más bajas laborales que el resto de trabajadores. Además, reflejan un menor rendimiento laboral debido a que sufren más dolores que el resto de personas y suelen tener peores relaciones sociales. Un estudio realizado en estos pacientes señala que un 40% de ellos sienten dolor corporal con mayor frecuencia que aquellas personas que no tienen exceso de peso y, además, este dolor es más intenso e insoportable[375].

El 71,5% de personas con obesidad manifiestan síntomas de ansiedad, asociadas al sentimiento de culpabilidad que presentan, en especial, provocado por la discriminación social[376]. Por otro lado, los sentimientos de inseguridad e inferioridad de estas personas dan lugar a una menor capacidad de afrontamiento y resolución de problemas en cuanto a asuntos legales o fiscales[358].

2.4. Evaluación e intervención psicológica

2.4.1. Prequirúrgica

Como se ha señalado en capítulos anteriores, la cirugía bariátrica se considera una intervención más eficaz para la pérdida de peso que las opciones no quirúrgicas en el tratamiento de la obesidad mórbida. A pesar de ello todavía algunos datos obtenidos sobre su efecto en comparación con otros procedimientos médicos causan incertidumbre[163], encontrando tasas de recaídas y fracasos del tratamiento que pueden oscilar entre el 20% y el 40% a partir de 18 y 24 meses después de la cirugía [16,377]. En este contexto tanto la evaluación como el tratamiento psicológico adquiere una especial relevancia[378,379].

Algunos autores[380] justifican la necesidad de la evaluación sobre cuatro supuestos:

a) Un porcentaje significativo de personas que solicitan la cirugía presentan trastornos psiquiátricos.

b) Tras la cirugía, la salud mental de los pacientes mejora.

c) Los pacientes que presentan trastornos tienen un mayor riesgo de resultados postquirúrgicos deficientes y/o un mayor número de complicaciones.

d) Los candidatos a la cirugía con trastornos psiquiátricos deberían recibir atención y seguimiento especial antes y después de la intervención.

Existen trastornos o factores psicológicos/psiquiátricos que contraindican la cirugía bariátrica de forma absoluta, y otros representan contraindicaciones relativas en cuanto que requieren de una valoración y supervisión más amplia[381] (Tabla 11).

Tabla 11. Contraindicaciones psiquiátricas para la cirugía bariátrica

Absolutas	Relativas
• Trastornos psicóticos graves (esquizofrenias, trastorno bipolar y los trastornos delirantes) • Retraso mental • Bulimia nerviosa • Dependencia y/o abuso de alcohol y otras drogas	• Trastornos de personalidad • Trastorno por Atracón • Hiperfagia secundaria a un trastorno mental adaptativo. • Incapacidad para comprender los objetivos de la operación • Falta de compromiso para aceptar la adherencia a las nuevas conductas • Falta de apoyo social o entorno familiar disfuncional

Fuente: Elaboración propia a partir de Irruarrizaga Díez, I. Psicología del paciente con obesidad grave. Manual de Obesidad Mórbida. Editorial Médica Panamericana. 2006.

En la mayoría de los hospitales en donde se realiza la cirugía, los candidatos acaban siendo rechazados, pero otros permiten, a través de un tratamiento especializado, una posible modificación de los patrones cognitivo-conductuales alterados y con ello poder continuar en el proceso pautado. En el caso de los trastornos psicóticos "per se", si mantienen una estabilidad clínica durante un mínimo de dos años bajo la supervisión continua de un especialista, en algunos casos, podrían ser reconsiderados para recibir tratamiento quirúrgico.

En la actualidad, el papel de la evaluación psicológica es fundamental, no solo para rechazar o aprobar la candidatura del paciente para la cirugía, sino también para identificar los factores emocionales, cognitivos, conductuales y sociales que pueden influir en el éxito o fracaso en la evolución tras la intervención[382].

Con este propósito, se consideró la necesidad de incluir al Especialista de Salud Mental dentro del proceso asistencial, formando equipo junto al Endocrino, Cirujano y Nutricionista.

De forma inicial, la evaluación psicológica se introdujo como una función meramente pericial, cuyo fin se limitaba a:

➢ determinar las capacidades del paciente para firmar el consentimiento informado.
➢ detectar si los pacientes tenían una adecuada comprensión y capacidad de asumir la decisión de operarse.
➢ valorar el grado de compromiso para cumplir los nuevos hábitos dietéticos necesarios que debían de consolidarse tras la cirugía.

Poco a poco se ha ido modificando y ampliando sus objetivos hasta convertirse en una pieza fundamental para considerar si el paciente es apto o no para someterse al tratamiento quirúrgico.

No existe un único protocolo de evaluación psicológica prequirúrgica prescrito para la cirugía bariátrica. Actualmente, en la mayoría de los hospitales y clínicas donde se practica, se tienen en cuenta las pautas propuestas por la Asociación Americana de Cirugía Metabólica y Bariátrica (ASMBS)[379], establecidas como directrices de buenas prácticas para la evaluación. Sus objetivos principales se concretan en tres: realizar una evaluación de riesgos, identificar contraindicaciones médicas y ayudar al equipo quirúrgico a maximizar el éxito.

La mayoría de las evaluaciones psicológicas consensuadas consisten en una entrevista clínica, combinada con medidas / escalas de autoinforme estandarizadas[383,384]. Un estudio publicado en 2006[385], que incluye la opinión de 194 profesionales de la salud mental (psiquiatras y psicólogos), concluye que el 98,5% usan principalmente la entrevista clínica, un 68,6% inventarios de síntomas y un 63,4% usa test de personalidad o psicopatológicos.

Sobre el contenido concreto de la entrevista clínica, algunos autores[386] recomiendan que se incluya la exploración sistemática de los siguientes aspectos específicos:

- ➢ Una historia detallada del desarrollo psicosocial, especialmente en lo que se refiere a los posibles traumas de la infancia y adolescencia, así como las relaciones familiares.
- ➢ Una revisión de las circunstancias vitales actuales, incluidas las estrategias de afrontamiento de los problemas y los recursos psicológicos, como la capacidad para manejar con eficacia los factores de estrés que pueden afectar a la pérdida de peso.
- ➢ Historia de gestos o intencionalidad autolítica.
- ➢ Conductas adictivas.
- ➢ Historia de problemas con la Justicia, que puedan ser relevantes para el control de los impulsos.
- ➢ Inicio y desarrollo de la obesidad.
- ➢ Historia de actividad física y si la persona tiene disposición a la realización de ejercicio físico requerido en el postoperatorio.

Otros autores[387] van más allá e incluyen, como aspecto prioritario, la evaluación de la motivación y de las expectativas que tienen los pacientes sobre el tratamiento quirúrgico. Consideran necesario conocer las razones por operarse, el por qué han elegido hacerlo ahora (y no antes) y lo que esperan lograr. Algunos estudios[388] indican que los pacientes que no estaban especialmente motivados perdieron muchas citas de revisión y tenían prisa para someterse a la cirugía, por lo que obtuvieron menos probabilidades de tener éxito tras la intervención.

Dentro de los posibles abordajes psicoterapéuticos pre-quirúrgicos, el que tiene un papel más importante, es la Terapia Cognitivo-Conductual (TCC). Stuart en 1967 fue el primero en estudiar la eficacia del tratamiento conductual en la obesidad obteniendo unos resultados sorprendentes, si bien estos no se confirman en estudios posteriores[389]. Algunos autores no han encontrado beneficio en los pacientes que recibieron terapia psicológica pre-quirúrgica orientada la adhesión a los cambios de estilo de vida en la dieta y la actividad física un año después de la cirugía[390]. Otros, por el contrario, señalan que los pacientes que presentan TA y que recibieron un tratamiento breve de TCC en la fase preoperatoria, tanto en grupo como individual, demostraron mayor pérdida del exceso de peso entre los 6 y 12 meses después de la cirugía que aquellos que no la recibieron[391].

Aun así, a pesar de que existen pocos estudios al respecto, sí se puede confirmar que existe un acuerdo generalizado sobre los elementos y/o requisitos importantes que ha de tener un tratamiento prequirúrgico a fin de garantizar una buena evolución posterior[392-294].

- ➤ Puede realizarse de forma individual o en grupo.
- ➤ La terapia de grupo es muy útil y ampliamente aceptada por la fuerza que ejerce el autoapoyo y la comprensión de los problemas que se van encontrando, desarrollando nuevas estrategias o nuevos hábitos que le mejoren la calidad de vida[395].
- ➤ De forma óptima debe constar de una sesión semanal con una duración entre 3 y 6 meses, aunque es recomendable continuar sesiones de seguimiento que reafirmen lo aprendido y evalúen si están apareciendo nuevas conductas anómalas.
- ➤ Es necesario una adecuada evaluación del caso, identificando las conductas más inapropiadas en relación con la comida y otros aspectos psicológicos relevantes y que indirectamente puede desempeñar un papel importante (relaciones interpersonales, tratamiento del estrés, autoestima y autoconfianza, autocontrol, relaciones familiares o

laborales, conflictos en la esfera sexual, problemas económicos, etc.). También es importante valorar la posible presencia de otros trastornos psiquiátricos que puedan requerir de forma previa otro tipo de tratamiento específico (comorbilidades relativas).

➢ En todo momento se debe de evaluar el grado de motivación para el cambio que muestre el paciente. Sin ella el tratamiento probablemente fracasará.

➢ Una de las técnicas más utilizadas es la realización de registros de comidas, y con ellas las emociones y cogniciones relacionadas. El auto-registro tiene una importante función evaluadora de la conducta tanto para el paciente como para el terapeuta. También es ampliable a la anotación de toda la actividad física que se hace, desde traslados andando al trabajo, actividades domésticas, subir escaleras, etc. Los registros se deben de revisar en todas las sesiones manteniendo la motivación del paciente.

➢ La evaluación de la calidad de vida relacionada con la salud (CVRS) utilizada para el estudio de las enfermedades digestivas, se ha ido ampliando progresivamente a otras entidades como la obesidad mórbida[396], de ahí que su medición permite obtener información adicional sobre la enfermedad y valorar su impacto tanto en la persona como en su entorno.

➢ A nivel emocional se considera necesario una estabilidad mínima para que los diferentes estresores de la vida diaria no interfieran en la nueva situación tras la pérdida del peso y pueda afrontar los objetivos que se le proponen.

➢ Debe tener conocimiento de las diferentes opciones de cirugía, conocer sus riesgos y posibles complicaciones, así como los efectos secundarios más frecuentes.

➢ El tratamiento debe estar orientado a realizar un cambio dietético y de hábitos alimenticios, junto a un manejo de técnicas de control de los impulsos y con ausencias constatadas de:
   o hiperfagia o sobrealimentación en las comidas
   o episodios de atracones
   o picoteos y comidas frecuentes.

- o alto consumo de dulces, helados y/o bebidas alcohólicas
- o ingestas nocturnas.

➤ Ha de incluir sesiones de educación nutricional con conocimiento de la composición de los alimentos y su metabolización.

➤ Los pacientes deben mostrar una disponibilidad al aumento de la actividad física mediante un programa planificado y ajustado a sus características personales.

➤ Es fundamental contar con la ayuda y participación del entorno sociofamiliar en todo el proceso, facilitando la recuperación de una buena comunicación. Para ello se pueden realizar sesiones grupales con la familia, pareja si se tiene y amigos o personas del entorno cercano.

➤ Es fundamental tener unas expectativas reales, tratando de minimizar los miedos y resistencias al cambio de la imagen corporal.

➤ La terapia debe incluir ejercicios de análisis de las estrategias de afrontamiento de los problemas, estudiando las formas que comúnmente utilizan los pacientes para resolverlos, identificando los mecanismos erróneos y proponiendo fórmulas más realistas y efectivas.

2.4.2. Postquirúrgica

Tras la intervención quirúrgica, el paciente con obesidad mórbida se enfrenta a un nuevo reto para su salud y su vida. Como sabemos, un elevado número de casos fracasan y recuperan de nuevo el peso perdido, por lo que todavía hay muchas dudas acerca del perfil psicológico asociado a un mayor o menor riesgo de mala evolución[397].

Existe cierto consenso general sobre el tipo de seguimiento que los pacientes deberían de mantener tras la cirugía[398], aunque cada hospital los realiza según sus propios recursos y posibilidades.

De forma general, se proponen una serie de fases que, aunque no tienen un periodo temporal concreto, requieren de su cumplimiento para asegurar una adecuada evolución. Estas fases son:

➤ *Relación con el paciente y su proceso postoperatorio.* Si bien, la relación médico-paciente se establece antes de la operación, en las entrevistas previas de valoración prequirúrgica, la visita hospitalaria es un momento fundamental que se lleva a cabo durante la estancia del paciente tras la cirugía. Se ha indicado un promedio de 12 sesiones de seguimiento, que cada profesional de la salud puede distribuir en base a las necesidades de cada paciente en concreto[399-401].

➤ *Fase emocional tras la intervención.* Es importante evitar el síndrome hospitalario, la ansiedad o la sensación de enfermedad que, en ocasiones, experimentan algunas personas con comorbilidades, por lo que es un momento adecuado para introducir en el paciente la ayuda psicológica. Esta etapa comprende entre 15 días y un mes, aunque es variable dependiendo de cada paciente[402].

➤ *Fase de transformación de la imagen corporal.* Para el paciente obeso, la imagen corporal es una experiencia de conflicto y después de experimentar un cambio en la imagen se producen adaptaciones. La persona durante los primeros meses posteriores a la cirugía va a observar los resultados y necesitará fortalecer la conducta para la nueva situación adquirida, tanto física como emocional[403].

➤ *Manejo de las relaciones con el contexto familiar, laboral, social y de pareja.* En esta fase, la persona debe desplegar nuevas habilidades sociales puesto que ahora su autoconcepto y autoimagen se han transformado. Así mismo, empieza a sentirse más atractiva y a notar la ausencia de sus limitaciones precedentes y, como consecuencia, el cambio en la forma de relacionarse con los demás[400].

➤ *Cambio de hábitos alimenticios.* En esta etapa se aborda la nueva relación de la persona con la comida. Un paciente debe cambiar hábitos, antes y después de la operación, con el objetivo de que la operación produzca los resultados deseados. La persona debe someterse a modificaciones, tanto de cantidades como de horarios, por un tiempo establecido[403].

➤ *Tiempo que se debe dedicar al paciente para un adecuado seguimiento.* Se ha indicado, que el tiempo apropiado para acompañar a la persona que se somete a cirugía bariátrica es de un año (aunque en algunas Unidades de Cirugía se extienda hasta los dos años). Con ello se pretende contribuir a mejorar las nuevas emociones y comportamientos, con independencia de aquellos pacientes que necesiten aparte un tratamiento psicoterapéutico[399].

Son numerosos los estudios que se han realizado para intentar identificar los factores psicosociales, datos antropométricos, el comportamiento alimentario o parámetros metabólicos que predicen la pérdida de peso después de la cirugía bariátrica. Muchos muestran resultados conflictivos y predictores no claros acerca del perfil psicológico asociado al éxito o al fracaso[289]. Esto puede estar relacionado con el uso de muestras restringidas (tamaños pequeños), junto a la necesidad de examinar diferentes medidas de resultado. O también porque los pacientes con psicopatología severa son eliminados por lo general antes de la misma por lo que resulta difícil asociar la presencia de una comorbilidad psiquiátrica concreta al fracaso postquirúrgico[311].

Hay datos que indican que, en cuanto al resultado, el tipo específico de síntomas psiquiátricos antes de la cirugía es menos relevante que la gravedad de los mismos[404]. La persistencia tras la cirugía de problemas psicológicos que no constituyeron una contraindicación quirúrgica puede estar influyendo en la pérdida de peso y la evolución clínica postoperatoria y con ello comprometer el éxito del procedimiento[405]. Por ello, la evaluación y el hallazgo de predictores negativos que puedan anticipar unos resultados peores en la evolución del peso o una mayor morbimortalidad postoperatoria es una tarea fundamental de cuantos intervienen en el proceso asistencial de cirugía bariátrica[15]. Algunos estudios atribuyen la recuperación del peso a factores fisiológicos[406], mientras que otros afirman que las estrategias de afrontamiento inadecuadas, los rasgos de personalidad o la incapacidad psicológica del paciente para adaptarse a la nueva autonomía y sus consecuencias, son por lo general el origen del fracaso en el mantenimiento de la pérdida de peso[11].

La participación de los Especialistas de Salud Mental no debería quedarse solo en la fase prequirúrgica. Sus funciones podrían extenderse a lo largo de la fase postoperatoria, con la realización de evaluaciones a corto y largo plazo de todos los individuos intervenidos con el fin de observar y tratar las posibles modificaciones psicológicas y socioambientales que el paciente va experimentando en dicho periodo, junto a un seguimiento y apoyo al menos durante los 2 años primeros años. Pero este seguimiento y/o tratamiento psicológico postquirúrgico no es una práctica médica extendida en la actualidad en los diferentes hospitales que practican la cirugía bariátrica por lo que no hay suficiente evidencia científica sobre su eficacia.

En la literatura encontramos varios estudios que exponen experiencias de tratamientos en diferentes países que han aportado resultados positivos y señalan mejoras en la evolución en los pacientes que los reciben en comparación con los que no lo hacen. Por sí solos estos tratamientos son insuficientes para asegurar el mantenimiento de la pérdida de peso, pero sí muestran un alto beneficio como tratamientos complementarios.

Un estudio desarrollado en Canadá (2013)[407] describe el beneficio de la TCC para la mejora del funcionamiento psicosocial postquirúrgico, así como de las emociones negativas asociadas a la alimentación. El protocolo se desarrolla en 6 sesiones con los siguientes contenidos:

1ª.- Introducción de la TCC y presentación del modelo cognitivo de los factores de ganancia de peso y de la ingesta excesiva. Se intenta ayudar a los pacientes a comprender el impacto del exceso de la ingesta en los pensamientos, emociones y comportamientos. Se establecen metas concretas a conseguir.

2ª.- Valoración de la importancia de mantener un patrón alimentario regular. Se enseña a los pacientes a realizar un seguimiento de su alimentación y peso mediante el uso de auto-registros.

3ª.- Propuestas de actividades de autocuidado, con planificación de acciones placenteras diferentes a la propia alimentación.

4ª.- Identificación de personas, lugares y alimentos que dificultan una alimentación saludable. Entrenamiento en habilidades de resolución de problemas para el manejo de estas dificultades.

5ª.- Identificación y manejo de los pensamientos contraproducentes (distorsiones cognitivas) asociados a un mal comportamiento alimenticio, y cambiarlos por otros más adaptativos y beneficiosos. Se realizan registros de pensamientos y se aplica la reestructuración cognitiva.

6ª.- Aprendizaje de nuevos hábitos después de la cirugía, así como el manejo y búsqueda de ayuda en caso de aparición de complicaciones. Se revisan los objetivos del tratamiento y la toma de decisiones.

Un estudio llevado a cabo en Inglaterra (2008)[408] describe el desarrollo y la implementación de un programa de TCC de 10 semanas de duración. Se utiliza la técnica del "mindfulness" con una intervención grupal cuyo objetivo es identificar y reducir los episodios de atracones y la necesidad de una ingesta excesiva. Los datos después del tratamiento mostraron una mejoría en los síntomas del atracón, de la sintomatología depresiva y de las habilidades de regulación emocional, aumentando la motivación para el cambio de los hábitos disfuncionales.

En Suecia (2012)[409] se utilizó la Terapia de Aceptación y Compromiso (TAC) en un grupo de pacientes intervenidos. Los datos mostraron mejoras de la conducta alimentaria, satisfacción corporal, calidad de vida y de los pensamientos y sentimientos relacionados con la aceptación del peso, en comparación con aquellos que tan solo recibieron un seguimiento estándar.

3. PERFIL PSICOLÓGICO DE LOS PACIENTES SOMETIDOS A CIRUGÍA BARIÁTRICA E INFLUENCIA DE LAS VARIABLES PSICOLÓGICAS EN EL RESULTADO A LOS 24 MESES DE EVOLUCIÓN.

Las variables anteriormente descritas hacen referencia a tendencias del comportamiento relativamente consistentes y estables en el tiempo (sobre todo a corto y medio plazo), por lo que se considera su escasa variabilidad antes y después de la cirugía. Desde una conceptualización factorial-dimensional[338,339], las variables de *personalidad* representan dimensiones continuas que, aunque permiten algunas modificaciones e intervenciones, se adquieren y configuran principalmente en las primeras fases del ciclo vital, para luego convertirse en patrones relativamente estables de conducta en la etapa adulta. Las otras (*estrategias de afrontamiento, autoestima y apoyo social*) experimentan más variaciones, pero raramente se producen a corto o medio plazo ya que normalmente representan el resultado del uso de la *personalidad* en el manejo de las demandas de la vida diaria, formando parte estable de su estructura psicológica. De este modo, se entiende que el tipo de evolución obtenida tras la cirugía (éxito o fracaso) depende, en gran parte, en cómo los pacientes manejaron, en función de estas variables, los nuevos requerimientos y condiciones de vida provocadas por la reducción "forzada" de peso que supuso la intervención quirúrgica.

Ninguna de las variables psicológicas descritas resulta por sí misma un predictor claro y consistente tanto del éxito como del fracaso en el tratamiento. Sin embargo, las diferencias encontradas en los diferentes estudios, tanto en los niveles de *autoestima* y *apoyo social* como en la variabilidad en las formas que tienen los pacientes de hacer frente a los problemas y la prevalencia de patología en algunos de sus rasgos de *personalidad*, permite obtener asociaciones relevantes, y en algunos casos significativas, entre las características psicológicas de los pacientes y el tipo de evolución obtenida.

Aunque varios estudios asocian algunos rasgos de personalidad[423] y la presencia postquirúrgica de elevados síntomas depresivos[313] con una menor pérdida de peso tras la cirugía, la mayoría de las investigaciones[237,289,311,404] tan solo señalan la influencia de variables aisladas que no llegan a constituir predictores claros y determinantes en su evolución.

Veamos la evidencia científica actual existente sobre cada variable en particular:

> **Autoestima**

Algunos autores[308,424] sugieren que a mayor grado de obesidad menor nivel de *autoestima*, por lo que no necesariamente un peso menor se relaciona con una autoestima mayor.

Dos estudios que utilizan el cuestionario de Rosenberg para la evaluación del efecto de la *autoestima* tras la cirugía aportan resultados contradictorios. Ortega et al[312] señalan que no se ve afectada por la cirugía y por ello no guarda relación con la pérdida de peso. Por el contrario, Livhits et al[16] sí encuentra una asociación positiva de la *autoestima* y el PSP al año de la intervención. Esta conclusión se ve fortalecida por otros investigadores como Burgmer et al[425], que evaluaron la *autoestima* al año y a los dos años de la operación, observando una mejoría significativa durante el segundo año. De forma similar, Guisado et al[426], tras evaluar constructos asociados a la *autoestima* como son la *autoconfianza* y la *autosatisfacción*, concluyen que la pérdida del 30% del exceso de peso tras la cirugía disminuye los niveles de *autoconcepto negativo*, ayudando a mejorar la actividad social y las relaciones interpersonales, y a disminuir la depresión y la ansiedad.

Hay estudios que indica un autoconcepto más positivo a los dos años de la cirugía en aquellos pacientes que evolucionan favorablemente, frente a los que fracasan. La mayoría de estudios confirman la asociación de la autoestima con la pérdida de peso, sin embargo, no queda clara la dirección de esta asociación, por lo que surge una pregunta que abre nuevas perspectivas de investigación: ¿es la buena evolución la que provoca un sentimiento de logro y satisfacción personal, mejorando la autoestima, o es ésta la que hace de refuerzo positivo y activador del cambio facilitando un mejor resultado del tratamiento tras la cirugía?

> **Apoyo social**

Tras la cirugía bariátrica, diversos estudios[397,427,325] han mostrado las diferentes mejorías de los pacientes obesos mórbidos en el campo del funcionamiento social, relacionada con una mejora de la calidad de vida[237], el aumento de los niveles de actividad y la ampliación de las redes sociales (incluyendo conocer a una pareja e incluso favoreciendo el encontrar más trabajo[239]).

Estos datos contrastan con otros resultados ya que los valores de *apoyo social* no se modifican apenas respecto a los niveles de antes de ser operados, siendo medio-altos en los dos periodos.

Canetti et al[428] señalan que el hecho de tener amigos y/o apoyo familiar mejora a corto y largo plazo los resultados tras la cirugía. Este hallazgo contradice al encontrado por otros autores como Wing et al[429] y Livhtis et al[427] que, tras utilizar la escala *MOS* en su evaluación, no encuentran relación entre el PSP y el *apoyo social* al año de la intervención.

El hecho de tener una alta percepción de tener personas de apoyo alrededor no impide el fracaso en muchos de ellos, lo que puede indicar, en estos pacientes, una escasa influencia de la familia o personas cercanas en la pérdida de peso, por lo que el *apoyo social* es un elemento necesario, pero no suficiente, en la obtención del éxito en el tratamiento.

> ## Estrategias de afrontamiento

Los resultados de la evaluación psicológica prequirúrgica señalan que todos los pacientes disponían de *adecuadas estrategias de afrontamiento* de los problemas antes de ser operados. Por lo tanto, los continuos fracasos obtenidos con los tratamientos convencionales para la pérdida de peso antes de la cirugía pueden ser explicados, o bien por la falta de efectividad de las *estrategias adecuadas* o por una utilización mayor de *estrategias inadecuadas*, resistentes a la obesidad mórbida. La cirugía les produjo una pérdida de peso forzada y rápida, por lo que no tuvieron que realizar apenas ningún esfuerzo ni utilizar ningún mecanismo activo para reducir su peso. Tras la intervención los pacientes se encuentran con la necesidad de poner en marcha mecanismos del comportamiento dirigidos a no recuperarlo de nuevo. Ante el hecho de encontrarse con esta decisión, ¿usan más y mejor las estrategias adecuadas, o siguen usando las mismas utilizadas con anterioridad, resistentes a la enfermedad?

Tras 24 meses de seguimiento, los resultados de varios estudios indican que todos los pacientes utilizaron tanto estrategias *adecuadas* como *inadecuadas* en el afrontamiento de los problemas.

Son muy escasas las investigaciones que describen la asociación de las estrategias de afrontamiento con la obesidad mórbida y su evolución tras la cirugía. Ortega et al[312] indicaron que el apoyo instrumental y la estrategia focalizada en la emoción son predictores positivos a los seis meses de la evolución, aunque de forma moderada. Hörchne et al[354], tras realizar una investigación solo con mujeres obesas mórbidas, encuentran valores muy altos en *expresión emocional* (principalmente la emoción de la ira) junto a un uso elevado de respuestas pasivas y de evitación en la *resolución de los problemas*, pero no especifican si estas respuestas están relacionadas con una mejor o peor evolución tras la cirugía.

El uso de estrategias tanto adecuadas como inadecuadas en todos los pacientes operados, pone en evidencia la gran dificultad que tienen estos pacientes en el afrontamiento de su enfermedad. Sin embargo, los resultados obtenidos permiten asociar el mayor uso de estrategias adecuadas a una mayor pérdida de peso. Los pacientes que evolucionan favorablemente tienen una prevalencia mayor en el uso de **estrategias adecuadas** que los pacientes que fracasan (52% vs 42%), tanto en el manejo centrado en el problema (*resolución de problemas y reestructuración cognitiva,* con 50% vs 40%), como en el manejo centrado en la emoción (*apoyo social y expresión emocional,* con 71% vs 63%). Por contraposición, los pacientes que fracasan tienen una prevalencia mayor en el uso de **estrategias inadecuadas** que los pacientes que tienen éxito (31% vs 28%), pero solo en el manejo centrado en el problema (*evitación de problemas y pensamiento desiderativo,* con 50% vs 45%), ya que en el manejo centrado en la emoción (*retirada social y autocrítica*) ambos grupos la utillizan de forma similar, con un 50%.

Aunque es escasa la diferencia, destaca el mayor uso de las *estrategias inadecuadas* en los pacientes que fracasaron. Este hecho puede provocar en el paciente un pensamiento dicotómico y en ocasiones catastrofista, aumentando los niveles de estrés y con ello una interferencia en la toma de decisiones con respecto a su obesidad. Del mismo modo, el alto *apoyo social* percibido contrasta con el rechazo o distancia hacia los demás que facilita el *pensamiento desiderativo*. En este contexto, una *autocrítica* llevada al extremo hace referencia a un manejo inadecuado de las emociones, basado en el aislamiento y la autoinculpación, sugiriendo un afrontamiento de los problemas pasivo y desadaptativo. El resultado de esta experiencia interna puede explicar los altos valores por estos pacientes en *evitación de problemas* y *retirada social*.

Por otro lado, las diferencias que se encuentran en ambos grupos en el uso de *estrategias adecuadas*, aunque no predicen el resultado, sí señalan un mejor manejo y resolución de los problemas de los pacientes que evolucionan favorablemente, pudiendo haber ayudado a afrontar mejor la pérdida de peso tras la cirugía.

> **Personalidad**

Los rasgos de personalidad solo constituyen trastornos cuando son inflexibles y desadaptativos, omnipresentes, de inicio precoz, resistentes al cambio y cuando causan un deterioro funcional significativo[430]. Las alteraciones que se encuentran en aquellos pacientes con valores patológicos en algunas de las variables no suelen alcanzar las características necesarias para la confirmación del diagnóstico de "trastorno".

El estudio de la relación entre la presencia de trastornos y la recuperación del peso tras la cirugía, ayuda a reducir las posibilidades de fracaso debido al alto impacto que este tipo de trastornos generan en la evolución de la enfermedad, dada su elevada prevalencia. Algunos autores[124,288] la sitúan en un 20-30%, identificando a los trastornos por evitación, el dependiente y el obsesivo-compulsivo como los más comunes. Otros estudios encuentran una asociación positiva entre los trastornos psicopático[315], límite[431,432] o esquizoide[433] y una peor pérdida del peso. Estos hallazgos sugieren un debate que todavía hoy en día sigue vigente: ¿son los propios trastornos de la personalidad los que dan lugar a una mayor aparición de conductas de atracón o ingesta excesiva, favoreciendo el aumento excesivo de peso[434]? o, por el contrario, ¿es el estigma social, la discriminación y el temor a la evaluación social negativa la que genera la patologización de numerosos rasgos de personalidad provocando, en algunos de los casos, trastornos de personalidad?

El estudio de la influencia de la personalidad (patológica o no) sobre la obesidad mórbida y, en concreto, sobre su relación en la evolución tras la cirugía bariátrica es escasa y ambivalente en la actualidad, debido en parte a que, en la mayoría de los países en donde se practica la cirugía bariátrica, los pacientes con algún trastorno de personalidad son excluidos de la misma. La mayor parte de las investigaciones[423,435,310,308] sugieren predictores de personalidad poco consistentes y, en algunos casos, contradictorios en el mantenimiento del peso tanto a corto como a largo plazo.

Sin embargola ausencia de un trastorno específico no excluye la posibilidad de tener rasgos patológicos con capacidad de influir en la evolución del peso.

Los pacientes con obesidad mórbida intervendios presentaron unos perfiles de personalidad muy similares, con alta presencia de valores en las siguientes variables: *agresividad, desconfianza, ideas persecutorias, quejas somáticas, ansiedad y misantropía*, planteando una **influencia directa de los problemas emocionales y de conducta sobre la recuperación del peso a los 24 meses de la cirugía, favoreciendo el fracaso del tratamiento.** Investigaciones relevantes[423,397,436] confirman estos hallazgos al señalar que la severidad de los síntomas predice mejor el resultado que la especificidad de cada uno de ellos, ya que predisponen a mayores niveles de estrés[437,438], con un efecto negativo sobre el metabolismo, facilitando la recuperación del peso.

Estos resultados implican unas consideraciones terapéuticas para tener en cuenta. Los síntomas y dificultades relacionados con las *alteraciones emocionales* puden motivar a los pacientes hacia el tratamiento ya que la presencia de emociones negativas (tales como baja moral, depresión, ansiedad, sensación de agobio, de impotencia, pesimismo) generan un alto grado de malestar en donde el ofrecimiento de ayuda puede percibirse como una oportunidad para la disminución del sufrimiento y la adquisición de una mejora personal. Sin embargo, la presencia de *alteraciones comportamentales* (activación, agresividad, conductas antisociales) genera un riesgo importante de que el paciente no cumpla el tratamiento, posibilitando una escasa motivación intrínseca. Ambas consideraciones terapéuticas han de ser valoradas en el momento de ofrecerles un tratamiento especifico tanto antes como después de la cirugía ya que, sobre todo las *alteraciones comportamentales*, pueden provocar resistencias y abandonos prematuros, favoreciendo el fracaso.

Aunque no se ha podido demostrar su asociación directa con el resultado, la elevada presencia de *alteraciones del pensamiento* refleja un malestar intrapsíquico muy presente en la vida diaria de los pacientes, pudiendo haber afectado de forma notable al mantenimiento de la obesidad mórbida, tanto antes como después de la cirugía.

Encontramos un contraste con la creencia social generalizada que asocia la obesidad mórbida con la falta de control en la ingesta y la dificultad en establecer relaciones sociales. Muchos investigadores no corroboran los datos obtenidos. De forma contraria, un estudio reciente de Kulendran et al[439] señala que la *impulsividad*, entendida como una falta de control de los impulsos, se relaciona con un peor resultado tras la cirugía.

Guisado et al[440] aportan datos controvertidos al respecto, al asociar el malestar general y un mayor número de somatizaciones con una menor pérdida de peso tras la cirugía.

Destaca la elevada prevalencia de patología en los *problemas de internalización*, junto a la mayor presencia de la variable *agresividad*. Estas variables están estrechamente vinculadas con las *alteraciones del pensamiento (ideas persecutorias, miedos incapacitantes, desesperanza)* y el *neuroticismo*, descrito como una tendencia estable de experimentar y expresar emociones negativas como respuesta a la amenaza y la frustración. Esta vivencia puede explicar los elevados niveles de *agresividad*, repercutiendo en la aparición de problemas de conducta. El *neuroticismo* es uno de los rasgos de personalidad que más se han asociado como factor de riesgo en la evolución de la obesidad mórbida. La mayoría de estudios[349,350] lo asocian a un peso excesivo, a conductas incontroladas de ingesta[351] y a ganancias de peso reactivas a hábitos de riesgo[441,442]. Sin embargo, respecto a su influencia en la evolución del peso existen varias controversias. Estudios recientes[443,444] afirman que los niveles de *neuroticismo* son más elevados en los pacientes obesos que se someten a la cirugía, en comparación con pacientes obesos que no lo hacen y con sujetos no obesos, pero no explican si favorece el éxito o el fracaso tras la intervención quirúrgica. Canetti et al[428] sí describen una asociación negativa entre en neuroticismo y la pérdida de peso. Pero otros autores como Munro et al[445], por el contrario, afirman que el factor de neuroticismo se relaciona con más del 5% del éxito del tratamiento.

La prevalencia de rasgos patológicos entre los otros *problemas específicos* también revela diferencias importantes entre los dos grupos de respuesta. Son escasos y, en algunos casos, controvertidos los estudios que relacionan estos problemas específicos con la evolución postquirúrgica. Tsushima et al[446], evaluaron la influencia de la **ansiedad** postquirúrgica tras dos años de cirugía, señalando que los pacientes que pierden menos del 50% del exceso de peso presentan puntuaciones significativamente más altas en ansiedad. Sin embargo, estos datos contrastan con los indicados por Beck et al[318], al no encontrar una relación significativa entre la pérdida de peso y la ansiedad postquirúrgica. Hayden et al[447], tras comparar pacientes con o sin síntomas de ansiedad, afirman que no hay diferencias entre ellos en la reducción del exceso de peso a los 24 meses de la cirugía. Estos resultados contrastan con la idea supuesta de que la ingesta excesiva es una consecuencia directa de niveles altos de *ansiedad*. La escasa diferencia entre los pacientes que tienen éxito y los que fracasan en esta variable, junto a los resultados obtenidos en otros estudios, indica su escasa incidencia en la evolución del peso. Por lo tanto, los niveles de *ansiedad* presentes en estos pacientes podrían explicarse, en vez de una causa, como una consecuencia de la obesidad. Es posible que la alta *indefensión* percibida se convierta en una amenaza constante con capacidad de activar una reacción fisiológica tan específica como es la *ansiedad*, impidiendo el alto *neuroticismo* su expresión adaptativa, pudiendo provocar posibles alteraciones conductuales, entre ellas, una ingesta excesiva de comida. Este mecanismo psicológico está íntimamente relacionado con el **estrés**, ya que, como señalan Björntorp et al[438], un mayor estrés se asocia con peores resultados quirúrgicos, al interferir de forma importante en el manejo y consolidación de nuevos hábitos dietéticos.

Resulta importante señalar otros dos rasgos que algunos investigadores han asociado con una mejor evolución del peso tras la cirugía: el **narcisismo** y el **egoísmo**. Mientras que el primero solo es buen predictor a los 12 meses[435], el segundo se relaciona con un bajo peso a largo plazo[444]. Estos resultados no se han podido contrastar al no estar incluidas estas variables en el cuestionario utilizado, y ser evaluadas por dos instrumentos distintos, como son el SCID-II (Structured Clinical Interview for DSM-IV Axis II) y el CPI (California Psychological Inventory) respectivamente.

Los resultados de diferentes investigadores describen un "**perfil de personalidad**" del paciente ("apto" de forma previa para la cirugía) caracterizado por la ausencia de falta de control, sin timidez y con buena capacidad de expresar emociones positivas, lo que le facilita una adecuada predisposición a tener óptimas relaciones sociales. Sin embargo, quizá a causa de numerosas experiencias de rechazo y/o discriminaciones vividas a lo largo de sus años de obesidad, la persona desarrolla alteraciones de sus rasgos emocionales y de conducta, reflejados en sus elevados niveles de desmoralización, desconfianza, ideas persecutorias, agresividad y aversión hacia los demás. El resultado de esta experiencia vital puede generar sentimientos de indefensión/desesperanza y éstos provocar mayores índices de estrés y ansiedad, facilitando ambos una ingesta mayor de comida. Los pacientes con una peor evolución tienen una mayor exacerbación o alteración de estos rasgos o características de personalidad descritas, por lo que podemos concluir que una mayor presencia de patología en estos rasgos (sin llegar a constituir un trastorno específico de personalidad) se relaciona con un peor resultado a los 24 meses de la cirugía.

4.- REFERENCIAS BIBLIOGRÁFICAS

[1] WHO. Obesity and overweight. Media Centre. Fact sheets. 2014, Jun; 10: 311.

[2] Goday-Arnó A, Calvo-Bonacho E, Sánchez-Chaparro MA, Gelpi JA. High prevalence of obesity in a Spanish working population. *Endrocrinol Nutr.* 2013; 60: 173-178.

[3] Colquitt JL, Picot J, Loveman E et al. Surgery for Obesity. *Cochrane Database Syst Rev.* 2009; 2(2).

[4] http://www.who.int/mediacentre/factsheets/fs311/es/

[5] de Onis M, Blössner M, Borghi E. Global prevalence and trends of overweight and obesity among preschool children. *The American journal of clinical nutrition.* 2010; 92(5): 1257-1264.

[6] Wang Y, Lim H. The global childhood obesity epidemic and the association between socio-economic status and childhood obesity. *International Review of Psychiatry.* 2012; 24 (3): 176-188.

[7] BMI Classification. Disponible en: www.apps.who.int/bmi/index.jsp

[8] Rubio MA, Salas-Salvado J, Barbany M, Moreno B, Aranceta J, Bellido D. Consenso SEEDO para la evaluación del sobrepeso y la obesidad y el establecimiento de criterios de intervención terapéutica. *Rev Esp Obes.* 2007; 5(3): 7-48.

[9] Mitchell N, Catenaci V, Wyatt H, Hill J. Obesity: overview of an epidemic. *Psychiatr Clin N Am.* 2011; (34): 717-732.

[10] Organización Mundial de la Salud. International Statistical Classification of Diseases and Related Health Problems, tenth revision (CIE-10). Organización Mundial de la Salud, Ginebra. 1992.

[11] Martín Duce A, Díez del Val I. Cirugía de la Obesidad Mórbida. Guías Clínicas de la Asociación Española de Cirujanos. Arán Ediciones, Madrid 2007.

[12] SECO. ¿Qué es la obesidad? Información a pacientes. SECO, jun 2014.

[13] National Institutes of Health Consensus Development Panel. Gastrointestinal surgery for severe obesity. *Ann Intern Med.* 1991.

[14] National Institutes of Health. National Heart. Lung and Blood Institute. Clinical guidelines of identification, evaluation and treatment of over-weight and obesity in adults. The evidence report. Bethesda, junio 1999.

[15] Asistencia sanitaria a los pacientes con Obesidad Mórbida-Cirugía Bariátrica. Servicio Andaluz de Salud. Junta de Andalucía 2005.

[16] Livhits M, Mercado C, Yermilov I, Parokht JA, Dutson E, Mehran A. Preoperative predictors of weight loss following bariatric surgery: systematic review. *Obes Surgery.* 2012; 22(1): 70-89.

[17] García E, Vázquez MA, Galera R, Alias I. Prevalence of overweight and obesity in children and adolescents aged 2-16 years. *Endocrinol Nutr.* 2013; 60: 121-126.

[18] Martínes MA, Bellido D, Blay V. Métodos de valoración de la distribución de la grasa corporal en el paciente obeso. *Rev Esp Obes.* 2004; 2: 42-49.

[19] Consenso SEEDO 2000 para la evaluación del sobrepeso y la obesidad y el establecimiento de criterios de intervención terapéutica. *Med Clin Barc.* 115. (587-597) Nº 15.

[20] Orera M, Saavedra D. Genética de la obesidad. En Martín Dulce A, Díez del Val I, editores. Cirugía de la obesidad mórbida. 1ª ed. Madrid. Arán; 2007; 55-61.

[21] Ford ES, Mokdad AH. Epiddemiology of Obesity in the Western Hemisphere. *J Clin Endocronol Metab* 2008; 93: s1 -s8

[22] Crawford D, Jeffery RW, Ball K, Brug J. *Obesity epidemiology.* Oxford Univ Pr; 2010. p. 471.

[23] Lobstein T. Prevalence and costs of obesity. *Medicine* 2015; 43: 77-79.

[24] Neuman M, Karachi I, Gortmarker S, Subramanian S. Urban-rural differences in BMI in low and middle incomes countries: the role of socioeconomic status. *Am J Clin Nutr.* 2013; 97(2): 428-436.

[25] Berghöfer A, Pischon T, Reinhold T, Apovian CM, Sharma AM, Willich SN. Obesity prevalence from a European perspective: A systematic review. BMC Public Health. 2008; 8: 200.

[26] Almost 1 adult in 6 in the EU is considered obese. European Health Interview Survey. Eurostat. Newsrelease. 203 / 2016.

[27] Sturm R, Hattori A. Morbid obesity rates continue to rise rapidly in the United States. *International Journal of Obesity*, 2013, 37 (6): 889-891.

[28] Finer N. Medical consequences of obesity. *Medicine* 2015; 43: 88-93.

[29] Low AK, Bouldin MJ, Sumrall CD, Loustale FV, Land KK. A clinician's approach to medical management of obesity. *American Journal of the Medical Sciences.* 2006; 331(4): 175-182.

[30] Greeg EW, Cheng YJ, Cadwell BL, Imperotore G, William DE, Flegal KM. Secular trend in cardiovascular disease risk factoraccording to body mass index in US adults. JAMA 2005; 293: 1868-1874.

[31] Poves J, Macias GJ, Cabrera ML, Situ L, Ballesta C. Calidad de vida en la obesidad mórbida. *Rev Esp Enferm Dig.* 2005; 97(3): 187-195

[32] Whitlock G, Lewington S, Sherliker P, Clarke R, Emberson J et al. Body-mass index and cause-specific mortality in 900.000 adults: Collaborative analyses of 57 prospective studies. *Lancet.* 2009; 373: 1083-1096.

[33] Ministerio de Sanidad, Servicios Sociales e Igualdad. Informe Anual del Sistema Nacional de Salud. Encuesta Nacional de Salud de España, 2011 / 2012 (2013). Edición revisada 2015.

[34] Banegas JR, Graciani A, Guallar-Castillón P, León-Muñoz LM, Gutiérrez-Fisac JL. Estudio de Nutrición y Riesgo Cardiovascular en España (ENRICA). Madrid: Departamento de Medicina Preventiva y Salud Pública. Universidad Autónoma de Madrid, 2011.

[35] Ministerio de Sanidad, Política Social e Igualdad. Estudio de Vigilancia del Crecimiento "ALADINO". Alimentación, Actividad Física, Desarrollo Infantil y Obesidad. Agencia Española de Seguridad, Alimentación y Nutrición; 2011.

[36] Basterra-Goratir FJ, Beunza JJ, Bes-Rastrollo M, Toledo E, Lopez MG, Martinez-González MA. Tendencia creciente de la prevalencia de obesidad mórbida en España: De 1,8 a 6,1 por mil en 14 años. *Rev Esp Cardiol.* 2011; 64(5), 424-426.

[37] Ortiz Espinosa RM, Nava Chapa G. Epidemiología de la Obesidad. En: Morales González JA, coordinador. Obesidad, un enfoque multidisciplinario. 1ª ed. Hidalgo, México: Abasolo 600; 2010; 79.

[38] OECD. Health at a Glance (2009). OECD Indicators. Oct 28, 2011.

Disponible en http.//www.oecd.org/health/health-systems/health-at-a-glance.htm Consultado: diciembre 2015.

[39] Trogdon JG, Finkelstein EA, Feagan CW, Cohen JW. State and payer-specific estimates of annual medical expenditures attributable to obesity. *Obesity*. 2012; 20(1): 214-220.

[40] Bachman KH. Obesity, weight management, and health care costs: a primer. *Dis Manag*. 2007; 10: 129-137.

[41] Von Lengerke T, Krauth C. Economic costs of adult obesity: A review of recent European studies with a focus on subgroup-specific costs. *Maturitas*. 2011; 69: 220-229.

[42] Von Lengerke T, Hagenmeyer EG, Gothe H, Schiffhorst G, Happich M, Haüssler B. Excess health care costs of obesity in adults with diabetes mellitus: A claims data analysis. *Exp Clin Endocrinol Diabetes*. 2010; 118: 496-504.

[43] Estudio prospectivo Delphi. Costes sociales y económicos de la obesidad y sus enfermedades asociadas (hipertensión, hiperlipidemias y diabetes). Madrid: Gabinete de Estudios Sociológicos Bernard Krief. 1999.

[44] Vázquez R, López JM. Los costes de la obesidad alcanzan el 7% del gasto sanitario. *Rev Esp Econ Salud*. 2002; 40-42.

[45] Pereira JL, García-Luna PP. Costes económicos de la obesidad. *Revista Española de Obesidad*. 2005; 3: 11-12.

[46] Pendergast K, Wolf A, Sherrill B, Zhou X, Aronne LJ, Caterson I et al. Impact of waist circumference difference on healthcare cost among overweight and obese subjects: The PROCEED cohort. Value Health. 2010; 13: 402-410.

[47] Hirose K, Shore AD, Wick EC, Weiner JP, Makary MA. Pay for obesity? Pay for performance metrics neglect increased complication rates and cost for obese patients. *J Gastrointest Surg*. 2011; 15: 1128-1135.

[48] McCombie L, Lean M, Tigbe W. Cost-effectiveness of obesity treatment. *Medicine* 2015; 43: 104-107.

[49] Kral JG, Otterbeck P, Touza MG. Preventing and treating the accelerated ageing of obesity. *Maturitas*. 2010; 66: 223-30.

[50] Baqai N, Wilding JP. Pathophysiology and aetiology of obesity. *Medicine*. 2015; 43: 73-76.

[51] Popkin B, Adair L, Wen S. Global nutrition transition and the pandemic of obesity in developing countries. Nutrition Reviews. 2012; 70(1): 3-21.

[52] Rodríguez RC, Valls JM. Obesidad: Conceptos básicos, clasificación, etiopatogenia, riesgos y patología asociada a la obesidad. Medicine-Programa de Formación Médica Continuada Acreditado. 2002; 8(86): 4636-4641.

[53] Tsigos C, Harnier V, Basdevant A, Finer N, Fried M, Mathaus-Vliegen E, Management of obesity in adults: European clinical practice guidelines. *Obes Facts*. 2008; 1: 106-16.

[54] Cheung WW, Mao P. Recent advances in obesity: genetics and beyong. *ISRN Endocrinol*, 2012, vol. 2012.

[55] Navalpetro L, Regidor E, Ortega P, Martinez R, Astasio P. Area based socioeconomic enviroment, obesity risk behaviours, area facilities and childhood overweight and obesity socioeconomic enviroment and childholld overweight. *Preventive Medicine*. 2012; (5): 102-107.

[56] Baile JI, González MJ. Intervención psicológica en obesidad. Ed. Psicología Pirámide. 2013.

[57] Wang SS, Brownell KD. Política social y obesidad. Necesidad de enlazar la ciencia con el apoyo social. Clínicas Psiquiátricas de Norteamérica, 2005; 28.

[58] Liu J, Zhang A, Li L. Sleep duration and overweight/obesity in children. Review and implications for pediatric nursing. *Journal for Specialist in Pediatric Nursing*. 2012; 17: 193-204.

[59] Hart C, Cairns A. Sleep and obesity in children and adolescents. *Pediatric Clin North Am*. 2011; 58(3): 715-733.

[60] Martinez JA, Moreno MJ, Marques-Lopes I, Martí A. Causas de obesidad. ANALES Sis San Navarra. 2002; 25(Supl 1): 17-27.

[61] Wlls J, Marphatia A, Cole T, McCoy D. Associations of economic and gender, inequality with global obesity prevalence: undertanding the female excess. *Social Science & Mediciene*. 2012; 75: 482-490.

[62] Bouchard C. Genetics factors in obesity. *Metab Cli North Am*. 1989; (73): 67-69.

[63] Park CW, Torquati A. Physiology of weight loss surgery. *Surg Clin North Am*. 2011; 91: 1149-1161.

[64] Vielba I, García-Goñi M. El reto de la obesidad infantil. La necesidad de una acción colectiva. Informe de julio 2011. Fundación Ideas.

[65] Albañil-Ballesteros MR, Rogero-Blanco ME, Sánchez-Martín M, Olivas-Domínguez A, Rabaul-Basalo A, Sanz-Bayona MT. Riesgo de mantener la obesidad desde la infancia hasta el final de la adolescencia. *Rev Ped Aten Primaria*. 2011; 13: 199-211.

[66] Cole TJ, Bellizzi MC, Flegal KM, Dietz WH. Establishing a standard definition for child overweight and obesity worldwide: international survey. *BMJ*. 2000; 320: 1-6.

[67] Ministerio de Sanidad y Política Social. Guía de Práctica Clínica sobre la Prevención y el Tratamiento de la Obesidad Infantojuvenil. España 2012.

[68] Piqueras JA, Orgiles M, Espada JP, Carballo JL. Calidad de vida relacionada con la salud en función de la categoría ponderal de la infancia. *Gaceta Sanitaria*. 2012; 26: 170-173.

[69] Haw C, Bailey S. Bodymass index and obesity in adolescents in a psychiatric medium secure service. *Journal of Human Nutritrion and Dietetics. The official Journal of the British Dietetic Association*. 2011; 25(2): 167-171.

[70] Juvanhol L, Carreira G, Aranjo de Oliveira E, Mara M, Gomez MJ. Quality of life and its relation with corporal mass nad satisfaction with the weight in schoolchildren. *J Nure UFPE on line*. 2012; 5: 46D-52D.

[71] Lama RA, Alonso A, Gil-Campos M, Martínez V. Obesidad Infantil. Recomendaciones del Comité de Nutrición de la Asociación Española de Pediatría. Parte I. Prevención. Detección precoz. Papel del Pediatra. *Anales de Pediatría*. 2006; 65(6): 607-615.

[72] Michalsky M, Reichard K, Inge T, Pratt J, Lenders C, American Society for Metabolic and Bariatric Surgery ASMBS pediatric committee best practice guidelines. *Surg Obes Relat Dis.* 2012; 8: 1-7.

[73] Kang JG, Park CY. Anti-obesity drugs: a review about their effects and safety. *Diabetes Metab J.* 2012; 36: 13-25.

[74] Aranceta-Bartrina J, Serra-Majem L, Foz-Sala M, Moreno B. Prevalencia de obesidad en España. *Med Clin.* 2005; 125: 460-466.

[75] Taylor V, Forhan M, Vigod S, McIntyre R, Morrison K. Impact of obesity on quality of life. *Best Practise & Research Clinical Endocrinology & Metabolism.* 2013; 27: 136-139.

[76] O'Keefe KL, Kemmeter PR, Kemmeter KD. Bariatric surgery outcomes in patients aged 65 years and older at an american society for metabolic and bariatric surgery center of excellence. *Obes Surg.* 2010; 20: 1199-205.

[77] Mitchell N, Catenaci V, Wyatt H, Hill J. Obesity: overview of an epidemic. *Psychiatr Clin N Am.* 2011; (34): 717-732.

[78] Taylor V, Forhan M, Vigod S, McIntyre R, Morrison K. Impact of obesity on quality of life. *Best Practise & Research Clinical Endocrinology & Metabolism.* 2013, 27: 136-139.

[79] Obesity. Indiana State Nurses Association. *ISNA Bulletin.* 2012 Febr, March, Apr; 9-15.

[80] Greeg EW, Cheng YJ, Cadwell BL, Imperotore G, William DE, Flegal KM. Secular trend in cardiovascular disease risk factoraccording to body mass index in US adults. *JAMA.* 2005; (293): 1868-1874.

[81] Peters A, Batendregtt JJ, Willekens F, Mackenbach JP, et al. Obesity in adulthood and its consequinces for life expectancy; a life-table analysis. *Am Intern Med.* 2003; 138: 24-32.

[82] Plecka M, Marsk R, Rasmussen F, Lagergren J, Naslund E. Morbidity and mortality before and after bariatric surgery for morbid obesity compared with the general population. *Br J Surg.* 2011; 98: 811-816.

[83] Batsis JA, Sarr MG, Collazo-Clavell ML, et al. Cardiovascular risk after bariatric surgery for obesity. *Am J Cardiol*, 2008; 102(7): 930-937.

[84] Redon J, Lurbe E. Hipertensión arterial y obesidad. *Med Clin*. 2007; 129(17): 655-657.

[85] Zugasti A, Moreno B. Obesidad. Factor de riesgo cardiovascular. *Rev Esp Obes* 2005; 3: 89-94.

[86] Wilson PW, D´Agostino RB, Sullivan L, Parise H. Overweight and obesity as determinants of cardiovascular risk. The Framingham experience. *Ach Intern Med*. 2002; 162: 1867-1872.

[87] Ezquerra EA, Vázquez JMC, Barrero AA. Obesidad, síndrome metabólico y diabetes: implicaciones cardiovasculares y actuación terapéutica. *Rev Esp Cardiol*. 2008; 61(7): 752-764.

[88] Giménez ML, Martínez CB, Calleja IP, Lenguas JA. Sindrome metabólico. Concepto y fisiopatología. *Rev Esp Cardiol Supl*. 2005; 5 (4): 3D-10D.

[89] The IDF consensus worldwide definition of the metabolic syndrome. Disponible en: htpp://www.idf.org/webdata/docs/IDF_metasyndrome_definition_pdf

[90] Kini S, Herron DM, Yanagisawa RT. Bariatric surgery for morbid obesity. A cure for metabolic syndrome? *Med Clin Nort Am*. 2007; 91: 1255-1271.

[91] López de la Torre M. Comorbilidades de la obesidad. En: Martín Dulce A, Díez del Val (editores). Cirugía de la obesidad mórbida. Guías Clínicas de la Asociación Española de Cirujanos. Ed. Arán. Madrid. 2007. p. 69-76.

[92] Berganta GQ. Factores de riesgo asociados en pacientes con enfermedad cardiovascular y diabetes mellitus. Tesis. Cuidad de Guatemala. Universidad de San Carlos de Guatemala. Facultad de Ciencias Médicas. 2010; Nov. p 21.

[93] Goutos I, Sadideen H, Pandya A, Ghosh S. Obesity and burns. *J Burn Care Resp*. 2012; 33: 471-482.

[94] Wu SF, Liang SY, Wang TJ, Jian YM, Cheng KC. A self management intervention to improve quality of life and psychosocial impact for people with type 2 diabetes. *Journal of Clinical Nursing*. 2011; 20: 2655-2665.

[95] Gomis R, Artola S, Conthe P, Vidal J, Cesamor R, Fort B. Prevalence of type 2 diabetes mellitas in overweight or obese outpatients in Spain. *Med Clin.* 2014; 142(11): 485-492.

[96] Álvarez-Castro P, Sangiao-Alvarellos S, Brandón-Sandá I, Cordido F. Función endocrina en la obesidad. *Endocrinología y Nutrición.* 2011; 58: 422-432.

[97] Rabec C, Ramos PL, Veale D. Respiratory complications of obesity. *Arch Bronconeumol.* 2011; 47: 252-261.

[98] Al Dabal L, Bahamman AS. Obesity hypoventilation síndrome. *Ann Thorac Med.* 2009; 4: 41-49.

[99] Fritscher LG, Mottin CC, Canani S et al. Obesity and Obstructive Sleep Apnea-Hypopnea Syndrome: the Impact of Bariatric Surgery. *Obes Surg.* 2007; 17(1): 95-99.

[100] Peters A, Batendregtt JJ, Willekens F, Mackenbach JP, Al Mamun A, Bonneux L. Obesity in adulthood and its consequiences for life expectancy; A life-table analysis. *Am Intern Med.* 2003; (138): 24-32.

[101] Tsigos C, Hainer V, Basdevant A, Finer N, Fried M, Mathus-Vliegen E. Management of obesity in adults: European clinical practice guidelines. *Obes Facts.* 2008; 1: 106-116.

[102] Milic S, Lulic D, Stimac D. Non-alcoholic fatty liver disease and obesity: biochemical, metabolic and clinical presentations. *World journal of gastroenterology.* 2014; 20(28): 9330-9337.

[103] Polotsky VY, Patil SP, Savransky V, Laffan A, Fonti S, Frame LA. Obstructive sleep apnea, insulin resistance, and steatohepatitis in severe obesity. *Am J Respir Crit Care Med.* 2009; 179: 228-234.

[104] Vucenix I, Stains J. Obesity and cáncer risk. Evidence, mechanisms and recommendation. *Ann NY Acad Sa.* 2012; 1271: 37-32.

[105] Aguilar M, Neri M, Padilla CA, Pimentel ML, García A, Mur N. Sobrepeso y obesidad en mujeres y su implicación en el cáncer de mama: edad de diagnóstico. *Nutr Hosp.* 2012; 27: 1643-1647.

[106] Celle F, Rodriguez C, Walker-Thurmond K, Thun MJ. Overweight obesity and mortality from cancer in a prospectively studied cohort of US adults. *N England J Med*. 2003; (348): 1625-1638.

[107] Seely EW, Solomon CG. Insuliin resistance and its potencial role in pregancy-induced hipertensión. *Journal Clinic Endocrinology Metabolism*. 2003; 88: 2393-2398.

[108] Hernan Daza C. La obesidad: un desorden metabólico de alto riesgo para la salud. *Colom Med*. 2002; 33: 72-80.

[109] Sabharwal S, Root M. Impact of obesity on orthopaedics. *J Bone Joint Surg Am*. 2012; (94): 1045-1052.

[110] Himes C, Reynolds S. Effect of obesity on falls, injury and disability. *JAGS*. 2012; 60: 124-129.

[111] García O, Medina DE, De la Cruz J, Huerta S. Obesidad y dermatosis: estudio porspectivo y descriptivo en la clínica de consulta externa Alfredo del Mazo Velez del ISSEMyM, Toluca. *Dermatología Rev Mex*. 2010; 54: 3-9.

[112] Folope V, Pharm C, Grigioni S, Coëffier M, Dechelotte P. Impact of eating disorders and psychological distress on the quality of life of obese people. *Nutricion*. 2012 (28): e7-e13.

[113] Baile JL, González MJ. Comorbilidad psicopatológica en obesidad. En *Anales del sistema sanitario de Navarra*. Gobierno de Navarra. Departamento de Salud, 2011. p. 253-261.

[114] Diaz Guzman MC, Diaz Guzman MT. Obesidad y autoestima. *Enfermería Global*. 2008; 13: 1-11.

[115] Pataky Z, Carrad I, Golay A. Pychological factors and weight loss in bariatric surgery. *Current Opinion in Gastroenterology*. 2011; 27: 167-173.

[116] Henrichkon M, Asthon K, Windeocer A, Heigberg L. Psychological considerations for bariatric surgery among older adults. *Obes Surg*. 2009; 19: 211-216.

[117] Pickering RP, Grant, BF, Chou SP, Compton WM. Are overweight, obesity and extreme obesity associated with psychopathology? Results from the

national epidemiologic survey on alcohol and related conditions. *Journal Clinical Psychiatry*. 2007; 68(7): 998-1009.

[118] Van Vlierberghe L, Braet C, Gooseens L., Mels S. Psychiatric disorders and symptom severity in referred versus non-referred overweight children and adolescents. *European Child and Adolescent Psychiatry*. 2009; 18(3): 164-173.

[119] Taner Y, Törel-Ergür A, Bahçivan G, Gürdag, M. Psychopathology and its effect on treatment compliance in pediatric obesity patients. *The Turkish journal of Pediatrics*. 2009; 51(5): 466.

[120] Pitrou I, Shojaei T, Wazana A, Gilbert F, Kovess-Masféty V. Child overweight, associated psychopathology, and social functioning. A French school-based survey in 6- to 11year-old children. *Obesity*. 2010; 18: 809-817.

[121] Goldfield, GS et al. Body dissatisfaction, dietary restraint, depression, and weight status in adolescents. *Journal of School Health*. 2010; 80: 186-192.

[122] Hosseinzadeh N, Poursharifi H. A comparison of health related quality of life among normal weight, overweight and obese adolescents. *Social and Behavioral Sciences*. 2011; 30: 1272-1276.

[123] Oliveira-Villanueva G, Rodríguez-Antinori E. Calidad de vida del adolescente con obesidad desde la perspectiva de género. *Desarrollo Cientif Enferm*. 2012; 20(7): 212-216.

[124] Kalarchiam M, Marcus M, Levine M, Courcoulas A. Psiquiatric disorders among bariatric surgery candidate: relationship to obesity and functional health status. *Am J Psychiatry*. 2007; 164(2): 328-374.

[125] Piqueras JA, Orgiles M, Escape JP, Carballo SL. Calidad de vida relacionada con la salud en función de la categoria ponderal de la infancia. *Gac Sanit*. 2012; 26(2): 170-173.

[126] Onyke CV, Crum RM, Lee MB. Is obesity associated with major depression? Results from the Third National Health and Nutrition Examination Survey. *Am J Epidemil*. 2003; 158: 1139-1147.

[127] Naden K, Kolotkin R, Boex R, Witten T, McFann K, Zertler P et al. Health related quality of life in adolecents with comobidities related to obesity. *Journal of Adolescent Heath.* 2011; 49: 90-92.

[128] Casado I. Obesidad y trastorno por atracón. 2013. Madrid: Editorial Grupo 5.

[129] Ellenberg C, Verdi B, Ayala L, Ferri C, Marcano Y. Síndrome de comedor nocturno: un nuevo trastorno de la conducta alimentaria. *An Velez Nutr.* 2006; 19: 32-36.

[130] Low AK, Bouldin MJ, Sumrall CD, Loustale FV, Land KK. A clinician´s approach to medical management of obesity. *American Journal of the Medical Sciences.* 2006; 331: 175-182.

[131] Rubio MA, Moreno C. Tratamiento médico de la obesidad mórbida, alternativas actuales, límites y perspectivas. *Cir Esp.* 2004; 75: 219-224.

[132] Serra J, Franch M, López L, Costa C, Salinas C. Recomendaciones del Comité de Nutrición de la Asociación Española de Pediatría. Parte II. Diagnóstico. Comorbilidades. Tratamiento. *An Pediatr.* 2007; 66: 294-304.

[133] Bray G, Ryan D. Medical therapy for the patient with obesity. *Circulation.* 2012; 125: 1695-1703.

[134] Middleton KM, Patidar SM, Perri MG. The impact of extended care on the long-term maintenance of weight loss: A systematic review and meta-analysis. *Obes Rev* 2012; 13: 509-517.

[135] Foster GD, Wyatt Hr. A randomized trial os a low carbohydarte diet for obesity: *N Engl J Med.* 2003; 348: 2082-2090.

[136] Rubio MA, Moreno C. Dietas de muy bajo contenido calórico: adaptación a nuevas recomendaciones. *Rev Esp Obes.* 2004; 2: 91-98.

[137] Harvey JR, Ogden DE. Obesity treatment in disadvantaged population groups: Where do we stand and what can we do? *Med Prev.* 2014; 68: 71-75.

[138] Mustajoki P, Pekkarinem T. Very low energy diets in the treatment of obesity. *Obes Res.* 2001; 2: 61-72.

[139] Wycherley TP, Moran LJ, Clifton PM et al. Effects of energy-restricted high-protein, low fat compared with estándar-protein, low-fat diets: a meta-analysis of randomized controlled tirals. *Am J Clin Nutr.* 2012; 96: 1281-1298.

[140] McGinnes RA, Lowthian JA. Why exercise is an important component of risk reduction in obesity management? *Med J Aust.* 2012; 196: 567-568.

[141] Bayego E, Vila G, Martínez J. Prescripción de ejercicio físico, indicaciones, posología y efectos adversos. *Med Clin.* 2012; 138(1): 18-24.

[142] Wendy C, Melissa A, Kristine J, Bruce M, Katherine A, James E. Associations between physical activity and mental health among bariatric surgical candidates. *Journal of Psychosomatic Research.* 2013; 74: 161-169.

[143] Garcia-Sillero M, Garcia-Caballero M. Dieta y ejercicio. En: martin Dulce A, Diez del Val I, editores. Cirugía de la obesidad Mórbida. 1ª edición Madrid: Aran; 2007; 301-307.

[144] Bellido D. El paciente con exceso de peso: guía práctica de actuación en Atención Primaria. *Rev Esp Obes.* 2006; 4(1): 33-44.

[145] Waddwn TA, Foster GD. Behavioral treatment of obesity. *Med Clin North Am.* 2000; 84: 441-461.

[146] Teufel M, Becker S, Rieber N, Stephan K, Zipfel S. Psychotherapie und Adipositas. Strategien, Herausforderungen und Chancen. *Nervenartz.* 2010; 82(9). 1133-1139.

[147] Cunill JL, Jiménez R. Tratamiento farmacológico de la obesidad. *Rev Clin Esp.* 2005; 205: 175-177.

[148] Yanovski SZ, Yanovski JA. Long-term drug treatment for obesity: a systematic and clinical review. JAMA. 2014; 311: 74-86.

[149] Derosa G, Maffioli P. Anti-obesity drugs: a review about their effects and their safety. *Expert Opin Drug Saf.* 2012; 11(3): 459-471.

[150] Rodgers RJL, Tschöp MH, Wilding JP. Anti-obesity drugs: past, present and future. *Dis Model mech.* 2012 (5): 61-66.

[151] Bray GA. Medications for weight reduction. *Med Clin North Am.* 2011; 95: 989-1008.

[152] Tziomalos K, Krassas GE, Tzotzas T. The use of sibutramine in the management of obesity and related disorders: An update. *Vasc Health Risk Manag.* 2009; 5: 441-452.

[153] Drew BS, Dixon AF, Dixon JB. Obesity management: Update on orlistat. *Vasc Health Risk Manag.* 2007; 3: 817-821.

[154] Powell AG, Apovian CM, Aronne LJ. New drug targets for the treatment of obesity. *Clin Pharmacol Ther.* 2011; 90: 40-51.

[155] Chugh PK, Sharma S. Recent advances in the pathopsysiology and pharmacological treatment of obesity. *Journal of Clinical Pharmacy and Therapeutics.* 2012; 37: 525-535.

[156] Caixas A, Albert L, Capel I et al. Naxtresone sustained-release/bupropion for the management of obesity: review of the data to date. *Drug Des Dev Ther.* 2014; 8: 1419-1427.

[157] Allison DB, Gadde KM, Garvey WT et al. Contolled-release phentermine/topiramato in severely obese adults: a randomized controlled trial (EQUIP). *Obesity.* 2012; 20: 330-342.

[158] Astrup A, Rossner S, Van Gaal L, Rissanen A, Niskanen L, Al Hakim M. Effects of liraglutide in the treatment of obesity: A randomised, double-blind, placebo-controlled study. *Lancet.* 2009; 374: 1606-1616.

[159] Kissler H, Setmacher U. Bariatric surgery to treat obesity. *Semn Nephrol.* 2013; 33: 75-89.

[160] Morales MJ, Diaz Fernández MJ, Caixas A, Godoy A, Morerio J, Arrizabalaga JJ et al. Tratamiento quirúrgico de la obesidad: recomendaciones prácticas basadas en la evidencia. *Endocrinol Nutr.* 2008; 55: 1-24.

[161] Pories WJ. Bariatric surgery. Risks and rewards. *J Clin Endocrinol Metab.* 2008; 93.11: s89-s96.

[162] Solomon H, Liu GY, Alami R et al. Benefits to patients choosing preoperative weight loss in gastric bypass surgery: new results of a randomized trial. *J Am Coll Surg*. 2009; 208(2): 241-245.

[163] Colquitt JL, Pickett K, Loveman E, Frampton GK. Surgery for weight loss in adults. Cochrane Database Syst Rev. 2014; 8;8.10.1002.

[164] Schauer PR, Kashyap SR, Wolski K, Brethauer SA, Kirwan JP, Pothier CE et al. Bariatric surgery versus intensive medical therapy in obese patients with diabetes. *N Engl J Med*. 2012; 366:1567-1576.

[165] Plecka Ostlund M, Marsk R, Rasmussen F, Lagergren J, Naslund E. Morbidity and mortality before and after bariatric surgery for morbid obesity compared with the general population. *Br J Surg*. 2011; 98: 811-816.

[166] Sjöström L, Gummesson A, Sjöström CD, Narbro K, Peltonen M, Wedel H. Swedish Obese Subjects Study. Effects of bariatric surgery on cancer incidence in obese patients in Sweden (Swedish Obese Subjects Study): a prospective, controlled intervention trial. *Lancet Oncol*. 2009; 10: 653-662.

[167] Christou NV, Sampalis JS, Liberman M, Look D, Auger S, McLean AP, MacLean LD. Surgery decreases long-term mortality, morbidity, and health care use in morbidly obese patients. *Obes Surg*. 2004; 14: 939-947.

[168] Clegg A, Colquitt J, Sidhu M, Royle P, Walker A. Clinical and cost effectiveness of surgery for morbid obesity: a systematic review and economic evaluation. *Int J Obes Relat Metab Disord*. 2003; 27: 1167-1177.

[169] Sampalis JS, Liberman M, Auger S, Christou NV. The impact of weight reduction surgery on healthcare costs in morbidly obese patients. *Surg Obes Relat Dis*. 2008; 4: 26-32.

[170] Buchwald H, Rucker R. The history of metabolic surgery for morbid obesity and commentary. *World J Surg*. 1981; 5: 781- 787.

[171] Bray GA. Obesity: historical development of scientific and cultural ideas. *International journal of obesity*. 1990; 14(11): 909-926.

[172] Hocking MP, Davis GL, Franzini DA et al. Long-term consequences after jejunoileal bypass for morbid obesity. *Dig Dis Sci* .1998; 43: 2493-2499.

[173] Gonzalez-Gonzalez JJ, Sanz-Alvarez L, García-Bernardo C. La obesidad en la historia de la cirugía. *Cir Esp.* 2008; 84: 188-185.

[174] National Institutes of Health Consensus Development Panel. Gastrointestinal surgery for severe obesity. *Ann Intern Med.* 1991.

[175] Documento de consenso sobre cirugía bariátrica. *Rev Esp Obes.* 2004; 4: 223-249.

[176] Martinez-Ramos D, Salvador-Sanchis JL, Escrig-Sos J. Pérdida de peso preoperatoria en pacientes candidatos a cirugía bariátrica. Recomendciones basadas en la evidencia. *Cir Esp.* 2012; 90: 147-155.

[177] Schulz K. Decreasing bariatric surgery: readmissions with preoperative education. *Surg Obes Rel Dis.* 2014; 10: 387-388.

[178] Alvarez A, Brodsky J, Lemmens HJ, Morton JM. Morbid obesity: perioperative management. End Ed. New York. 2010.

[179] Fobi MAL. The Fobi pouch operation for obesity. Booklet. Quebec, 13 th Annual Meeting ASBS, 1996.

[180] Baltasar A, Bou R, del Rio J, Bengochea M, Escribá C, Miró J. Cirugía bariátrica: resultados a largo plazo de la gastroplastia vertical anillada. ¿Una esperanza frustada? *Cir Esp.* 1997; 62: 175-179.

[181] Ruiz de Adana JC. Cirugía de la obesidad: un abordaje de elección con distintas opciones técnicas. *Cir Esp.* 2007; 82(2): 59-61.

[182] Ismael Díez del Val, Cándido Martínez Blázquez. Recomendaciones de la SECO para la práctica de la cirugía bariátrica y metabólica (Declaración de Vitoria-Gasteiz), 2015.

[183] Guedea ME, Gracia JA. Resultados de efectividad de las técnicas bariátricas. Cirugía de la obesidad mórbida. Madrid: Aran. 2007; Capitulo 39, p. 357-360.

[184] Deitel M, Greennstein RJ. Recommendations for reporting weight loss. *Obes Surg.* 2003; 13: 159-60.

[185] Halverson JD, Koehler RE. Gastric Bypass: analisis of weight loss and factors determining success. *Surgery.* 1981; 90: 445-455.

[186] Lechner GW, Eliot DW. Comparison of weight loss after gastric exclusion and partitioning. *Arch Surg.* 1983; 118: 685-692.

[187] Martin MB, Kon ND, Meredith JH. Greater curvature gastroplasty. Follow-up at 34 months. *Am Surg.* 1985: 51: 197-200.

[188] Reinhold RB. Critical analysis of long-term weight loss following gastric bypass. *Surg Gynecol Obstet.* 1982; 155: 385-394.

[189] MacLean LD, Rhode BM, Forse RA. Late results of vertical banded gastroplasty for morbid and super obesity. *Surgery.* 1990; 107: 20-27.

[190] Buchwald H. Overview of Bariatric Surgery. *J Am Coll Surg.* 2002; 194: 367-375.

[191] Brethauer SA, Kothari S, Sudan R, Williams B, English WJ, Brengman M et al. Systematic review on reoperative bariatric surgery. ASMBS Revision Task Force. SOARD 2014; 10: 952-972.

[192] Mechanick JI, Youdim A, Jones DB, Garvey WT, Hurley DL, McMahon MM. Clinical practice guidelines for the perioperative nutritional, metabolic and nonsurgical support of the bariatric surgery patient—2013 update (AACE/TOS/ASMBS Guidelines). SOARD 2013; 9: 159-191.

[193] Brethauer SA, Kim J, el Chaar M, Papasavas P, Eisenberg D, Rogers A, for the ASMBS Clinical Issues Committee. Standardized outcomes reporting in metabolic and bariatric surgery. *Obes Surg.* 2015; 25: 587-606.

[194] Ruiz de Adana JC. Cirugía de la obesidad: un abordaje de elección con distintas opciones técnicas. *Cir Esp.* 2007; 82(2): 59-61

[195] Busetto L, Dixon J, De Luca M, Shikora S, Pories W, Angrisani L. Bariatric Surgery in Class I Obesity. A Position Statement from the International Federation for the Surgery of Obesity and Metabolic Disorders (IFSO). *Obes Surg.* 2014; 24: 487-519.

[196] Chang SH, Stoll CR, Song J, Varela JE et al. The effectiviness and risks of bariatric surgery. *JAMA Surgery.* 2014.

[197] Scopinaro N. Thirty-five years of biliopancreatic diversion: notes on gastrointestinal physiology to complete the published information useful for a better understanding and clinical use of the operation. *Obes Surg.* 2012; 22:427-32.

[198] Resa JJ, Solano J, Fatás JA et al. Laparoscopic Biliopancreatic Diversion: Technical Aspects and Results of our Protocol. *Obes Surg.* 2004; 14(3): 329-333.

[199] Brasesco O, Correngia M. Cirugía bariátrica: técnicas quirúrgicas. En Galindo y colab. Enciclopedia de cirugía digestiva. 2009. Tomo II - 272: 1-20.

[200] Hess D. Limb Measurements in Duodenal Switch. *Obesity Surgery.* 2003; 13(6): 966-966.

[201] Vázquez A, Vázquez A, Sancho C et al. Metabolic changes after morbid obesity surgery using the duodenal switch technique. Long term follow-up. *Cir Esp.* 2012; 90: 45-52.

[202] Nelson D, Porta R, Blair K, Carter P, Martin M. The duodenal switch for morbid obesity: modification of cardiovascular risk markers compared with standard bariatric surgeries. *Am J Surg.* 2012; 203: 603-608.

[203] Marceau P, Biron S, Simon F, Lebel S et al. Duodenal Switch: long term results. *Obes Surg.* 2007; 17: 1421-1430.

[204] Baltasar A, Serra C, Perez N et al. Laparoscopic sleeve gastrectomy: a multi-porpose bariatric operation. *Obesity Surgery.* 2005; 15: 1124-1128.

[205] Clinical Issues Committee of American Society for Metabolic and Bariatric surgery et al. Sleeve gastrectomy as a bariatric procedure. *Surg Obes Relat Dis.* 2007; 3: 573-576.

[206] Alexandroy A, Athanasiou A, Michalinos A, Felekouras E, Tsigris C, Diamantis T. Laparoscopic sleeve gastrectomy for morbid obesity: 5 years results. *The American Journal of Surgery.* 2015; 209(2): 230-234.

[207] Deitel M, Garner M, Erickson AL, Crosby RD. Third International Summit: curren status of sleeve gastrectomy. *Surgery for Obesity and Related Diseases.* 2011; 7: 749-759.

[208] Sánchez-Santos R, Masdevall C, Baltasar A et al. Short and mind-term outcomes of sleeve gastrectomy for morbid obesity: the experience of the Spanish National registry. *Obes Surg.* 2009; 19:1203-1210.

[209] Buchwald H, Oien DM. Metabolic / Bariatric Surgery Worldwide 2011. *Obes Surg.* 2013; 23: 427-436.

[210] Ray JB, Ray S. Safety, efficacy and durability of laparoscopic adjustable gastric banding in a single surgeon U.S. community practise. *Surg Obes Relat Dis.* 2011, 7: 140-144.

[211] Lanthaler M, Aigner F, Kinzl J, Sieb M et al. Term results ans complciations following adjustable gastric banding. *Obes Surg.* 2010; 20: 1078-85

[212] Suter M, Calmes JM, Parz A, Giusti V. A 10-year experience with laparoscopic gastirc banding for morbid obesity: high long-term complication and failure rate. *Obes Surg.* 2006; 16: 829-835.

[213] Miller K, Pump A, Hell E. Vertical banded gastroplasty versus adjustable gastric banding: prospective long-term follow-up study. *Surg Obes Relat Dis.* 2007; 3: 84-90.

[214] O'Brien PE, MacDonald L, Anderson M, Brennam L, Brown WE. Long-term outcomes after bariatric surgery. Fifteen-year follow-up od adjstable gastric banding and a systematic review of the bariatric surgical literatura. *Ann Surg.* 2013; 257: 87-95.

[215] Abellan I, Lujan J, Frutos MD et al. The influence of the porcentaje of the common limb in weight loss and nutricional alterations after laparoscopec gastric bypass. *Surg Obes Relat Dis.* 2014; 10: 829-833.

[216] Csendes JA, Papapietro VK, Burgos LAM et al. Results of gastric bypass for morbid after a follow up of seven to 10 years. *Rev Med Chil.* 2011; 139: 1414-20.

[217] Rotellar F, Astor C, Baxauli J, Gil A, Valenti V, Poveda I. Laparoscopic bariatric surgery: proximal bastric bypass. *An Sist Sanit Navar.* 2005; 28: 33-40.

[218] Luján J, Frutos MD, Hernández Q, Valero G, Parrilla P. Long-term results of laparoscopic gastric bypass in patients with morbid obesity. A prospective study of 508 cases. *Cir Esp.* 2008; 83: 71-77.

[219] Powell MS, Fernandez AZ. Surgical treatment for morbid obesity: the laparoscopic Roux-en-Y gastric bypass. *Surg Clin North Am.* 2011; 91: 1203-1224.

[220] Nergaard BJ, Leifsson BG, Hedenbro J, Gislason H. Gastric bypass with long alimentary limbo r long pancreato-biliary limb-ong results on weight loss, resolution of co-morbidities and metabolic parameters. *Obes Surg.* 2014; 24: 1595-1602.

[221] Dumon KR, Murayama KM. Bariatric surgery outcomes. *Surg Clin North Am.* 2011; 91: 1313-1338.

[222] Crémieux PY, Ledoux S, Clerici C, Cremieux F, Buessing M. The impact of bariatric surgery on comorbidities and medication use among obese patients. *Obes Surg.* 2010; 20: 861-870.

[223] Sjöström L, Peltonen M, Jacobson P, Torgerson J, Sjöström CD, Karason K, et al. Bariatric surgery and long-term cardiovascular events. *JAMA.* 2012; 307: 56-64.

[224] Søvik TT, Aasheim ET, Taha O, Engström M, Fagerland MW, Björkman S, et al. Weight loss, cardiovascular risk factors, and quality of life after gastric bypass and duodenal switch: a randomized trial. *Ann Intern Med.* 2011; 155: 281-291.

[225] Buchwald H et al. Trends in mortality in bariatric surgery: A systematic review and meta-analysis. *Surgery.* 2007; 142: 621-635.

[226] Buchwald H et al. Weight and type 2 diabetes after bariatric surgery: systematic review and meta-analysis. *Am J Med.* 2009; 22: 248-256.

[227] Pories WJ, Mehaffey JH, Staton KM. The surgical treatment of type two diabetes mellitus. *Surg Clin North Am.* 2011; 91: 821-836.

[228] Buchwald H et al. Metabolic/bariatric surgery worldwide 2008. *Obes Surg.* 2009; 19: 1605-1611.

[229] Sjöström L, Lindroos AK, Peltonen M et al. Swedish Obese Subjects Study Scientific Group. Lifestyle, diabetes, and cardiovascular risk factors 10 years after bariatric surgery. *N Engl J Med*. 2004; 351: 2683-2693.

[230] Higa K, Ho T, Tercero F et al. Laparoscopic Roux-en-Y gastric bypass: 10-year follow-up. *Surg Obes Relat Dis*. 2011; 7: 516-525.

[231] Ferrer-Márquez M, Carvia C, Velasco J, Rico M et al. Influencia de la cirugía bariátrica en esteatosis hepática no alcohólica. Evaluación histológica. *Cir Esp*. 2009; 86: 94-100.

[232] Woodman G, Cywes R, Billy H, Montgomery K, Cornell C, Okerson T; APEX Study Group. Effect of adjustable gastric banding on changes in gastroesophageal reflux disease (GERD) and quality of life. *Curr Med Res Opin*. 2012; 28: 581-589.

[233] Sridhar MS, Jarrett CD, Xerogeanes JW, Labib SA. Obesity and symptomatic osteoarthritis of the knee. *J Bone Joint Surg Br*. 2012; 94: 433-440.

[234] Buchwald H, Cowan G, Pories W. Tratamiento quirúrgico de la obesidad. 2009. Elsevier España. Barcelona, 2009.

[235] Alcaraz AM, Ferrer-Márquez M, Parrón T. Quality of life in obese patients and change after bariatric surgery médium and long term. *Nutr Hosp*. 2015; 31: 2033-2046.

[236] Chang C, Hung C, Chang Y, Tai C, Lin J, Wang J. Health related of quality of life in adult patients with morbid obesity coming for bariatric surgery. *Obes Surg*. 2008; 18(3): 294-299.

[237] Brunault P, Frammery J, Couet Ch, Delbachian I, Bourbao-Tournois C, Objois M. Predictor of changes in physical, psychosocial, sexual quality of life, and comfort with food after obesity surgery: a 12-month follow-up study. *Qual Life Res*. 2015; 24(2): 493-501.

[238] Hernandez LV, Klyve D. Quality-adjusted life expectancy benefits of laparoscopic bariatric surgery: A United States perspective. *Int J Technol Assess Health Care*. 2010; 26: 280-287.

[239] Mariano ML, Monteiro CS, de Paula MA. Bariatric surgery: its effects for obese in the workplace. *Rev Gaucha Enferm.* 2013; 34(3): 38-45.

[240] Michalsky M, Reichard K, Inge T, Pratt J, Lenders C, American Society for Metabolic and Bariatric Surgery. ASMBS pediatric committee best practice guidelines. *Surg Obes Relat Dis.* 2012; 8: 1-7.

[241] Treadwell JR, Sun F, Schoelles K. Systematic review and meta-analysis of bariatric surgery for pediatric obesity. *Ann Surg.* 2008; 248: 763-76.

[242] Levitsky LL, Misra M, Boepple PA, Hoppin AG. Adolescent obesity and bariatric surgery. *Curr Opin Endocrinol Diabetes Obes.* 2009; 16: 37-44.

[243] Alqahtani AR, Antonisamy B, Alamri H, Elahmedi M, Zimmerman VA. Laparoscopic sleeve gastrectomy in 108 obese children and adolescents aged 5 to 21 years. *Ann Surg.* 2012; 256(2): 266-73.

[244] Aikenhead A, Lobstein T, Knai C. Review of current guidelines on adolescent bariatric surgery. *Clinical Obesity.* 2011; 1: 3-11.

[245] Fried M. Interdisciplinary European guidelines on surgery of severe obesity. *Int J Obes.* 2007; 31: 569-577.

[246] Flum DR, Salem L, Elrod JB et al. Early mortality among Medicare beneficiaries undergoing bariatric surgical procedures. JAMA. 2005; 294:1903-1908.

[247] Sugerman HJ, DeMaria EJ, Kellum JM et al. Effects of bariatric surgery in older patients. *Ann Surg.* 2004; 240: 243-246.

[248] Wittgrove AC, Martínez T. Laparoscopic gastric bypass in patients 60 years and older: Early postoperative morbidity and resolution of comorbidities. *Obes Surg.* 2009; 19: 1472-1476.

[249] Nguyen NT, Masoomi H, Laugenour K, Sanaiha Y, Reavis KM, Mills SD. Predictive factors of mortality in bariatric surgery: Data from the nationwide inpatient sample. *Surgery.* 2011; 150: 347-51.

[250] St. Peter SD, Craft RO, Tiede JL et al. Impact of advanced age on weight loss and health benefits after laparoscopic gastric bypass. *Arch Surg.* 2005; 140: 165-168.

[251] Gutiérrez-Fisac JL, Guallar-Castillón P, León-Muñoz LM, Graciani A, Banegas JR, Rodríguez-Artalejo F. Prevalence ofgeneral and abdominal obesity in the adult population of Spain, 2008-2010: The ENRICA study. *Obes Rev*. 2012; 13: 388-392.

[252] Zarocostas J. More health resources needed to curtailobesity epidemic in Europe. *BMJ*. 2008; 336(7654): 1155.

[253] Bockelbrink A, Stober Y, Roll S, Vauth C, Willich SN, Von der Schulenburg JM. Evaluation of medical and health economic effectiveness of bariatric surgery (obesity surgery) versus conservative strategies in adult patients with morbid obesity. *GMS Health Technol Assess*. 2008; 4. Doc06.

[254] Buchwald H, Avidor Y, Braunwald E, Jensen MD, Pories W, Fahrbach K. Bariatric surgery: A systematic reviewand meta-analysis. *JAMA*. 2004; 292: 1724-1737.

[255] Sánchez-Santos R, Sabench F, Estévez S, Del Castillo D, Vilarrasa N et al. ¿Es rentable operar a los obesos mórbidos en tiempos de crisis? Análisis coste-beneficio de la cirugía bariátrica. *Cir Esp*. 2013, 91: 476-484.

[256] Ministerio de Sanidad, Servicios Sociales e Igualdad / Instituto Nacional de Estadística. Encuesta Nacional de Salud de España, 2011/2012 (2013).

[257] Flum DR, Kwon S, Sullivan SD. The use, safety and cost ofbariatric surgery before and after Medicare's national coverage decision. *Ann Surg*. 2011; 254: 860-865.

[258] Mäklin S, Malmivaara A, Linna M, Victorzon M, Koivukangas V, Sintonen H. Cost-utility of bariatric surgery for morbidobesity in Finland. *Br J Surg*. 2011; 98:1422–9

[259] Padwal R, Klarenbach S, Wiebe N, Hazel M, Birch D, Karmali S et al. Bariatric surgery: A systematic review of the clinical and economic evidence. *J Gen Intern Med*. 2011; 26: 1183-1194.

[260] Perry C, Hutter M, Smith DB, Newhouse JP, McNeil BJ. Survival and changes in comorbidities after bariatric surgery. *Ann Surg*. 2007; 247: 21-27.

[261] Christou N. Impact of obesity and bariatric surgery onsurvival. *World J Surg*.

2009; 33: 2022-2027.

[262] Terranova L, Busetto L, Vestri A, Zappa MA. Bariaric surgery: cost-effectiveness and Budget impact. *Obes Surg.* 2012; 22: 646-653.

[263] Colles SL, Dixon JB, O'Brien PE. Hunger control and regular physical activity facilitate weight loss after laparoscopic adjustable gastric banding. *Obes Surg.* 2008; 18: 833-840.

[264] Wolfe BL, Terry ML. Expectations and outcomes with gastric bypass surgery. *Obes Surg.* 2006; 16: 1622-1629.

[265] Dixon JB, Dixon ME, O'Brien PE. Pre-operative predictors of weight loss at 1-year after Lap-Band surgery. *Obes Surg.* 2001; 11: 200-207.

[266] Bussetto L, Segato G, De Marchi F, Foletto M, De Lucia M, Caniato D. Outcome predictors in morbidly obese recipients of an adjustable gastric band. *Obes Surg.* 2002; 12: 83-92.

[267] Black DW, Goldstein RB, Mason EE. Psychiatric diagnosis and weight loss following gastric surgery for obesity. *Obes Surg.* 2003; 13: 746-751.

[268] Mühlhans B, Horbach T, de Zwaan M. Psychiatric disorders in bariatric surgery candidates: a review of the literature and results of a German prebariatric surgery sample. *Gen Hosp Psychiatry.* 2009; 31(5): 414-421.

[269] Glinski J, Wetzler S, Goodman E. The psychology of gastric bypass surgery. *Obes Surg.* 2001; 11(5): 581-588.

[270] Sarwer DB, Wadden TA, Fabricatore AN. Psychosocial and behavioral aspects of bariatric surgery. *Obes Res.* 2012; 13(4): 639-648.

[271] Sarwer DB, Cohn NI, Gibbons LM, Magee L, Crerand CE, Raper SE. Psychiatric diagnoses and psychiatric treatment among bariatric surgery candidates. *Obes Surg.* 2004; 14(9): 1148-1156.

[272] Schowalter M, Benecke A, Lager C, Heimbucher J, Bueter M, Thalheimer A. Changes in depression following gastric banding: a 5- to 7-year prospective study. *Obes Surg.* 2008; 18(3): 314-320.

[273] de Zwaan M, Enderle J, Wagner S, Mühlhans B, Ditzen B, Gefeller O. Anxiety and depression in bariatric surgery patients: a prospective, follow-up study using structured clinical interviews. *J Affect Disord.* 2011; 133(1): 61-68.

[274] Solomon MR. Eating as both coping and stressor in over- weight control. *J Adv Nurs.* 2001; 36(4): 563-572.

[275] Lokken KL, Boeka AG, Yellumahanthi K, Wesley M, Clements RH. Cognitive performance of morbidly obese patients seeking bariatric surgery. *Am Surg.* 2010; 76(1): 55-59

[276] Ruiz Moreno M.A, Berrocal Montiel C, Valero aguayo L. Psicopatología y calidad de vida en la obesidad mórbida. *Revista de Psicología de la Salud.* (Journal of Health Psychology). 2002; 14(2): 53-79.

[277] Yung-Chien Yen, Chin-Kuan Huang, Chi-Ming Tai. Psychiatric aspect of bariatric surgery. *Curr Opin Psyquiatry.* 2014; 27(5): 374-379.

[278] Melissa A, Marsha D, Michele D, Anita P. Psychiatric Disorders Among Bariatric Surgery Candidates: Relationship to Obesity and Functional Health Status. *Am J Psychiatry.* 2007; 164: 328-334.

[279] Bobbioni-Harsch E, Guillermin ML, Habicht F. Reciprocal interaction between bariatric surgery and psychopatology. *Rev Med Suisse.* 2014; 10(442): 1721-1726.

[280] Chang C, Hung C, Chang Y, Tai C, Lin J, Wang J. Health related of quality of life in adult patients with morbid obesity coming for bariatric surgery. *Obes Surg.* 2008; 18(3): 294-299.

[281] Wadden T, Sarver D, Fabricatore A, Jones L, Stack R, Williams N. Estado psicosocial y conductual de pacientes sometidos a cirugía bariátrica: qué se puede esperar antes y después de la cirugía. *Med Cli N Am.* 2007; 91: 451-469.

[282] Simon GE, Von Kroff M, Saunders K, Miglioretti DL, Crane PK, van Belle G. Association between obesity and psychiatric disorders in the US adult population. *Arch Gen Psychiatry.* 2006; 63: 824-830.

[283] Kessler RC, Chiu WT, Demler O, Merikangas KR, Walters EE. Prevalence, severity, and comorbidity of 12-month DSM-IV disorders in the National Comorbidity Survey Replication. *Arch Gen Psychiatry*. 2005; 62: 617-627.

[284] Herpertz S, Burgmer R, Stang A, de Zwaan M, Wolf AM, Chen-Stute A. Prevalence of mental disorders in normal-weight and obese individuals with and without weight loss treatment in a German urban population. *J Psychosom Res*. 2006; 61: 95-103.

[285] Scott KM, Bruffaerts R, Simon GE, Alonso J, Angermeyer M, de Girolamo G. Obesity and mental disorders in the general population: results from the world mental health surveys. *Int J Obes*. 2008; 32: 192-200.

[286] de Girolamo G, Polidori G, Morosini P, Scarpino V, Reda V, Serra G. Prevalence of common mental disorders in Italy: results from the European Study of the Epidemiology of Mental Disorders (ESEMeD). *Soc Psychiatry Epidemiol*. 2006; 41: 853-861.

[287] Barbara M. Thomas H, Martina de Z. Psychiatric disorders in bariatric surgery candidates: a review of theliterature and results of a German prebariatric surgery simple. *Gen Hosp Psychiatry*. 2009; 31: 414-421.

[288] Mauri M, Rucci P, Calderone A, Santini F, Oppo A, Romano A. Axis I and II disorders and quality of life in bariatric surgery candidates. *J Clin Psychiatry*. 2008; 69: 295-301.

[289] Van Hout GC, Hagendoren CA, Verschure SK, Van Heck GL. Psychosocial predictors of success after vertical banded gastroplasty. *Obes Surg*. 2009; 19(6): 701-707.

[290] Mitchell JE., Selzer F, Kalarchian MA, Devlin MJ, Strain GW, Elder KA. Yanovski SZ. Psychopathology before surgery in the longitudinal assessment of bariatric surgery-3 (LABS-3) psychosocial study. *Surgery for Obesity and Related Diseases*. 2012; 8: 533-541.

[291] Meggard MA et al. Psychological Clearance for bariatric surgery: a systematic review. VA-ESP Proyect 2014; 05-226.

[292] Rosenberger PH, Henderson KE, Grilo CM. Psychiatric disorder comorbidity and association with eating disorders in bariatric surgery patients: A cross-

sectional study using structured interview-based diagnosis. *J Clin Psychiatry.* 2006; 67: 1080-1085.

[293] Sullivan M, Karlsson J, Sjöstöm L, Backman L, Bengtsson C, Bouchard C. Swedish obese subjects (SOS) - an intervention study of obesity. Baseline evaluation of health and psychosocial functioning in the first 1743 subjects examined. *Int J Obes Relat Metab Disord.* 1993; 17: 503-512.

[294] Castellini G, Godini L, Amedei V, Galli V. Psychopathological similarities and differences between obese patients seeking surgical and non-surgical overweight treatments. *Eating and Weight Disorders-Studies on Anorexia, Bulimia and Obesity.* 2014; 19(1): 95-102.

[295] Scott KM, Oakley Browne MA, McGee MA, Wells JE. New Zealand Mental Health Survey Research Team. Mental-physical comorbidity in Te Rau Hinengaro: The New Zealand Mental Health Survey. *Aust N Z J Psychiatry.* 2006; 40: 882-888.

[296] Norris L. Cuestiones psiquiátricas en la cirugía bariátrica. *Psychiatr Clin N Am.* 2007; 30: 717-738.

[297] Pérez E, De la Torre M, Tirado S, Van-der CJ. Valoración de candidatos a cirugía bariátrica: descripción del perfil sociodemográfico y variables psicológicas, Artículo, Cuadernos de medicina psicosomática y psiquiatría de enlace. *Med Psicosom.* 2011; 99.

[298] Telch CF, Stice E. Psychiatric comorbidity in women with binge eating disorder: prevalence rates from a non-treatment-seeking sample. *J Consult Clin Psychol.* 1998; 66: 768-776.

[299] Wonderlich SA, Crosby RD, Mitchell JE, Thompson KM, Redlin J, Demuth G. Eating disturbance and sexual trauma in childhood and adulthood. *Int J Eat Disord.* 2001; 30: 410-412.

[300] Kleiner KD, Gold MS, Frost-Pineda K, Lenz-Brunsman B, Perri MG, Jacobs WS. Body mass index and alcohol use. *J Addict Dis.* 2004; 23: 105-118.

[301] Heo M, Pietrobelli A, Fontaine KR, Sirey JA, Faith MS. Depressive mood and obesity in US adults: comparison and moderation by age, sex, and race. *Int J Obes.* 2006; 30: 513-519.

[302] Grucza RA, Przybeck TR, Cloninger CR. Prevalence and correlates of binge eating disorder in a community sample. *Compr Psychiatry.* 2007; 48: 124-131.

[303] de Zwaan M. Binge eating disorder and obesity. *Int J Obes Relat Metab Disord.* 2001; 25: S51-S55.

[304] Hsu LK, Mulliken B, McDonagh B, Krupa Das S, Rand W, Fairburn CG. Binge eating disorder in extreme obesity. *Int J Obes Relat Metab Disord.* 2002; 26: 1398-1403.

[305] Jones-Corneille LR, Wadden TA, Sarwer DB, Faulconbridge LF, Fabricatore AN, Stack RM. Axis I psychopathology in bariatric surgery candidates with and without binge eating disorder: results of structured clinical interviews. *Obes Surg.* 2012; 22: 389-397.

[306] Rosenberg PH, Henderson KE, Grilo CM. Correlates of body image dissatisfaction in extremely obese famale bariatrica surgery candidates. *Obesity Surgery.* 2006; 16: 1331-1336.

[307] Grilo CM, Masheb RM, Brody M, Burke-Martindale CH. Binge eating and self-esteem predict body image dissatisfaction among obese men and women seeking bariatric surgery. *The International Yournal of Eating Disorders.* 2005; 37: 347-351.

[308] Kinzl JF, Schrattenecker M, Traweger C, Mattesich M, Fiala M, Biebl W. Psychosocial predictors of weight loss after bariatric surgery. *Obes Surg.* 2006; 16(12): 1609-1614.

[309] Legenbauer T, Petrak F, De Zwaan M, Herpertz S. Influence of depressive and eating disorders on short-and long-term course of weight after surgical and nonsurgical weight loss treatment. *Compr Psychiatry.* 2011; 52(3): 301-311.

[310] Scholtz S, Bidlake L, Morgan J, Fiennes A, El-Etar A, Lacey JH et al. Long-term outcomes following laparoscopic adjustable gastric banding: postoperative psychological sequelae predict outcome at 5-year follow-up. *Obes Surg.* 2007; 17(9): 1220-1225.

[311] Robinson AH, Adler S, Stevens HB, Darcy AM, Morton JM, Safer CL. What variables are associated with successful weight loss outcomes for bariatric

surgery after 1 year? *Surgery for Obesity and Related Diseases.* 2014; 10(4): 697-704.

[312] Ortega J, Fernández-Canet R, Alvarez-Valdeita S, Cassinello N, Baguena-Puigcerver MJ. Predictors of psychological symptoms in morbidly obese patiens after gastric bypass surgery. *Surgery of Obesity and Related Diseases.* 2012; 8(6): 770-776.

[313] Sheets CS, Peat CM, Berg KC, White EK et al. Post-Operative Psychosocial Predictors of Outcome in Bariatric Surgery. *Obes Surg.* 2015; 25(2): 330-345.

[314] Clark M, Balsinger B, Sletten C, Dahlman K, Ames G, Williams D. Psychosocial factor and 2 year outcome following bariatric surgery for weight loss. *Obes Surg.* 2003; 13: 739-745.

[315] Guisado JA, Vaz FJ. Personality profiles of the morbidly obese after vertical banded gastroplasty. *Obes Surg.* 2003; 13: 394-398.

[316] Semanscin-Doerr DA, Windover A, Ashton K, Heinberg LJ. Mood disorders in laparoscopic sleeve gastrectomy patients: Does it affect early weight loss? *Surg Obes Relat Dis.* 2010; 6: 191-196.

[317] Green AE, Dymek-Valentine M, Pytluk S, Le Grange D, Alverdy J. Psychosocial outcome of gastric bypass surgery for patients with and without binge eating. *Obes Surg.* 2004; 14: 975-985.

[318] Beck NN, Mehlsen M, Støving RK. Psychological characteristics and associations with weight outcomes two years after gastric bypass surgery: Post-operative eating disorder symptoms are associated with weight loss outcomes. *Eating Behaviors.* 2012; 13(4): 394-397.

[319] Ahmed AT, Blair TR, McIntyre RS. Surgical treatment of morbid obesity among patients with bipolar disorder: a research agenda. *Adv Ther.* 2011; 28: 389-400.

[320] Hamoui N, Kingsbury S, Anthone GJ, Crookes PF. Surgical treatment of morbid obesity in schizophrenic patients. *Obes Surg.* 2004; 14: 349-352.

[321] Fong AK, Wong SK, Lam CC, Ng EK. Ghrelin level and weight loss after laparoscopic sleeve gastrectomy and gastric mini-bypass for Prader-Willi syndrome in Chinese. *Obes Surg.* 2012; 22: 1742-1745.

[322] De Panfilis C, Cero S, Torre MT, Salvatore P. Changes in body image disturbance in morbility obese patiens 1 year after laparoscopic adjustable gastric Banding. *Obes Surg.* 2007; 17: 792-799.

[323] Hrabosky JL, Masheb RM, White MA, Rothschild BS. A prospective study of body dissatisfaction and concerns in extremely obese gastric bypass patiens: 6 and 12 months postoperative outcomes. *Obes Surg.* 2006; 16: 1615-1621.

[324] Pecori I, Serra CG, Marinari GM, Migliori F. Attitudes of morbidly obese patiens to weight loss and body image following bariatric surgery and body contouring. *Obes Surg.* 2007; 17: 68-73.

[325] Shiri S, Gurevich T, Feintuch U, Beglaibter N. Positive psychological impact of bariatric surgery. *Obes Surg.* 2007; 17: 663-668.

[326] Martínez Y, Ruiz-López MD, Giménez R, Pérez de la Cruz AJ, Orduña R. Does bariátrica surgery improve the patient´s quality of life? *Nutr Hosp.* 2010; 25: 925-930.

[327] Duarte M, Bassitt D, Azevedo O, Waisberg J, Yamaguchi N, Pintor Junior P. Impact on quality of life, weight loss and comorbidities: a study comparing the biliopancreática diversion with duodenal switch and the banded Roux-en-Y gastric bypass. *Arq Gastroenterol.* 2014; 51(4): 320-327.

[328] Van Hout GC, Fortuin FA, Pelle AJ, Van heck GI. Psychosocial functioning, personality, and body image following vertical banded gastroplasty. *Obes Surg.* 2008; 18: 115-120.

[329] Costa R, Yamaguchi N, Santo M, Riccioppo D, Pinto-Junior P. Outcomes on quality of life weight loss, and comorbidities alter Roux-en-Y gastric bypass. *Arq Gastroenterol.* 2014; 51(3): 165-170.

[330] Charalampakis, Bertsias G, Lamprou V, De Bree E, Romanos J, Melissas J. Quality of life before and after laparoscopic sleeve gastrectomy. A prospective cohort study. *Surg Obes Relat Dis.* 2015; 11: 70-78.

[331] Costa PT, Widiger TA. Personality disorders and the fivefactor model of personality (2nd edit.). Washington: American Psychological Association; 2002.

[332] Eysenck HJ. Dimensions of personality: the biosocial approach to personality. In: Strelau J, Angleitner A, eds. Explorations in temperament: international perspectives on theory and measurement. London: Plenum; 1991.

[333] Gray JA. A critique of Eysenck's theory of personality, In: Eysenck HJ, ed. A model for personality. New York: SpringerVerlag, 1981.

[334] Zuckerman M, Kuhlman DM, Joireman J, Teta P, Kraft M. A comparison of three structural models for personality: The Big Three, the Big Five, and the Alternative Five. J Per Soc Psychol. 1993; 65: 757-68.

[335] Livesley WJ, Jackson DN. Dimensional Assessment of Personality Pathology Manual. Port Huron: Sigma; 1999.

[336] Millon T, Everly GS. Personality and its disorders: A biosocial learning approach. New York, NY: Wiley; 1985.

[337] Cloninger C, Svrakic DM, Przybeck TR. A Psychobiological Model of Temperament and Character. Arch Gen Psychiatry. 1993; 50: 975-90.

[338] Gore WL, Widiger TA. The DSM-5 dimensional trait model and five-factor models of general personality. J Abnorm Psych. 2013; 122: 816-821.

[339] McCrae RR, Costa Jr PT. The five-factor theory of personality. In: John OP, Robins RW, Pervin LA, editors. Handbook of personality. New York & London: The Guilford Press. 2008. p. 159-181.

[340] Krueger RF, Markon KE. The role of the DSM-5 personality trait model in moving toward a quantitative and empirically based approach to classifying personality and psychopathology. Annu Rev Clin Psychol. 2014; 10: 7.1-7.25

[341] Esbec E, Echeburúa E. La reformulación de los trastornos de la personalidad en el DSM-V. Actas Esp Psiquiatr. 2011; 39: 1-11.

[342] World Health Organization. International statistical classification of diseases and related health problem ICD-11 Beta Draft-World Health Organization, 2014 (www.who.int /classifications/icd11).

[343] Vollrath ME, editor. Handbook of personality and health. John Wiley & Sons; 2006.

[344] Gerlach G, Herpertz S, Loeber S. Personality traits and obesity: a systematic review. *Obesity Reviews*. 2015; 16(1): 32-63.

[345] Mitchell JE, Crosby RD, Ertelt TW, Marino JM, Sarwer DB, Thompson JK et al. The desire for body contouring surgery after bariatric surgery. *Obes Surg* 2008; 18 (10): 1308-1312.

[346] Hayden MJ, Dixon ME, Dixon JB, Playfair J, O'Brien PE. Perceived discrimination and stigmatization against severely obese women: age and weight loss make a difference. *Obes Fact*. 2010; 3(1): 7-14.

[347] Abilés V, Rodríguez-Ruiz S, Abilés J, Mellado C, García A, Pérez de la Cruz A. Psychological characteristics of morbidly obese candidates for bariatric surgery. *Obes Surg*. 2010; 20 (2): 161- 167.

[348] Sansone RA, Wiederman MW, Schumacher DF, Routsong-Weichers L. The prevalence of self-harm behaviors among a sample of gastric surgery candidates. *J Psychosom Res*. 2008; 65 (5): 441-444.

[349] Brummett BH, Babyak MA, Williams RB, Barefoot JC, Costa PT, Siegler IC. NEO personality domains and gender predict levels and trends in body mass index over 14 years during midlife. *J Res Pers*. 2006; 40: 222-236.

[350] Rubinstein G. The big five and self-esteem among overweight dieting and non-dieting women. *Eat Behav*. 2006; 7(4): 355-361.

[351] Elfhag K, Morey LC. Personality traits and eating behavior in the obese: poor self-control in emotional and external eating but personality assets in restrained eating. *Eat Behav*. 2008; 9(3): 285-293.

[352] Kirchner T, Forns M, Amador J. Sintomatología psicológica y estrategias de afrontamiento en la adolescencia. *Revista de Psquiatría de la Facultad de Medicina de Barcelona*. 2006; 33: 63-76.

[353] Stunkard H, Waden T, Psychological aspects of severe obesity. *American Journal Clinical Nutrition* .1992; 55: 524-532

[354] Hörchne R, Tuinebreijer WE, Kelder H et al. Coping Behavior and Loneliness Among Obese Patients. *Obes Surg.* 2002; 12(6): 864-868.

[355] Roehrig M, Masheb RM, White MA, Rothschild BS, Burke-Martindale CH, Grilo CM. Chronic dieting among extremely obese bariatric surgery candidates. *Obes Surg.* 2009; 19 (8): 1116-1123.

[356] Fabricatore AN, Wadden TA, Sarwer DB, Crerand CE. Self-reported eating behaviors of extremely obese persons seeking bariatric surgery: a factor analytic approach. *Obesity.* 2006; 14: 83S-89S.

[357] Nowicka P, Högñund P, Birgerstam P, Lissau I, Pietrobelli A, Flodmark CE. Self-esteem in a clinical sample of morbidly obese children and adolescent. *Acta Paediatr.* 2009; 98(1): 153-158.

[358] Lykouras L. Psychological profile of obese patients. *Dig Dis.* 2008; 26(1): 36-39.

[359] Wadden TA, Sarwer DB. Behavioral assessment of candidates for bariatric surgery: a patient-oriented approach. *Obesity.* 2006; 14: 53S-62S.

[360] Nathaniel Branden. Cómo mejorar su autoestima. 1987. Versión traducida: 1990. 1ª edición en formato electrónico: enero de 2010. Ediciones Paidós Ibérica.

[361] Silverstone E, Salsasi M. Low self-esteem and psychiatric patients: part I-The relationship between low self-esteem and psychiatric disgnosis. *Annals of General Hospital Pyquiatric.* 2003; 2: 2-3.

[362] Morejón A, García-Bóveda R, Jiménez R. Escala de autoestima de Rosenberg: fiabilidad y validez en población clínica española. *Apuntes de Psicología.* 2004; 22: 247-255.

[363] Stuerz K, Piza H, Niermann K, Kinzl JF. Psychosocial impact of abdominoplasty. *Obes Surg.* 2008; 18(1): 34-38.

[364] Nowicka P, Högñund P, Birgerstam P, Lissau I, Pietrobelli A and Flodmark CE. Self-esteem in a clinical sample of morbidly obese children and adolescent. *Acta Paediatr.* 2009; 98(1): 153-158.

[365] Wildes JE, Kalarchian MA, Marcus MD, Levine MD, Courcoulas AP. Childhood maltreatment and psychiatric morbidity in bariatric surgery candidates. *NIH Public Access*. 2010; 28: 1-13.

[366] Buser AT, Lam CS, Poplawski SC. A long-term cross-sectional study on gastric bypass surgery: impact of self-reported past sexual abuse. *Obes Surg*. 2009; 19(4): 422-426.

[367] Wadden TA, Butryn ML, Sarwer DB, Fabricatore AN, Crerand CE, Lipschutz PE et al. Comparison of psychosocial status in treatment-seeking women with class III vs. class I-II Obesity. *Obesity*. 2006; 14: 90S- 98S.

[368] Song A, Fernstrom MH. Nutritional and psychological considerations after bariatric surgery. *Aesthet Surg J*. 2008; 28(2): 195-199.

[369] Mazzeo SE, Saunders R, Mitchell KS. Gender and binge eating among bariatric surgery candidates. *Eat Behav*. 2006; 7(1): 47-52.

[370] Wegener I, De Beer K, Schilling G, Conrad R, Imbierowicz K, Geiser F et al. Patients with obesity show reduced memory for others' body shape. *Appetite* 2008; 50(2-3): 359-266.

[371] Pedersen JO, Zimmermann E, Stallknecht BM, Bruun JM, Kroustrup JP, Larsen JF et al. Lifestyle intervention in the treatment of severe obesity. *Ugeskr Laeger*. 2006; 168(2): 167-172.

[372] Vega Angarita OM, González Escobar DS. Apoyo social: elemento clave en el afrontamiento de la enfermedad crónica. *Enfermería global*. 2009; 16: 0-0.

[373] Kinder BN, Walfish S, Scott M, Fairweather A. MMPI-2 profiles of bariatric surgery patients: a replication and extension. *Obes Surg*. 2008; 18(9): 1170-1179.

[374] Pull CB. Current psychological assessment practices in obesity surgery programs: what to assess and why. *Curr Opin Psychiatry*. 2010; 23(1): 30-36.

[375] Heinberg LJ, Keating K, Simonelli L. Discrepancy between ideal and realistic goal weights in three bariatric procedures: who is likely to be unrealistic? *Obes Surg*. 2010; 20(2): 148-153.

[376] Castellini G, Lapi F, Ravaldi C, Vannacci A, Rotella CM, Faravelli C. Eating disorder psychopathology does not predict th overweight severity in subjects seeking weight loss treatment. *Compr Psychiatry.* 2008; 49(4): 359-363.

[377] Snyder B, Nguyen A, Scarbourough T et al. Comparison of those who succeed in losing significant excessive weight after bariatric surgery and those who fail. *Surg Endosc.* 2009; 23: 2302-2306.

[378] Bancheri L, Patrizi B, Kotzaidis G, Mosticoni S, Gargano T et al. Treatmen Choice and Psychometric Characteristics: differences between patients who chose bariatric surgical treatment and those who do not. *Obes Surg.* 2006; 16: 1630-1637.

[379] Eldar S, Heneghan HM, Brethauer S, Schauer PR. A focus on surgical preoperative evaluation of the bariatric patient – The Cleveland Clinic protocol and review of the literature. *The Surgeon.* 2011; 9(5): 273-277.

[380] Pull CB. Current psychological assessment practices in obesity surgery programs: What to assess and why. *Current Opinion in Psychiatry.* 2010; 23: 30-36.

[381] Irruarrizaga Díez I. Psicología del paciente con obesidad grave. Manual de Obesidad Mórbida. Editorial Médica Panamericana. 2006.

[382] Marek RJ, Ben-Porath YS, Windover A, Tarescavage AM, Merrell J, Ashton K, Lavery M. Assesing psychosocial functioning of bariatric surgery candidates with the Minnesota multiphasic personality inventory-2 restructured form (MMPI-2-RF). *Obes Surg.* 2013; 23(11): 1864-1873.

[383] Baucjowtz A, Gonder-Frederick A, Olbrisch M, Azarbad L, Ryee M, Woodson M. Psychosocial evaluation of bariatric surgery candidates: a survey of present practices. *Psychosomatic Medicine.* 2005; 67: 825-832.

[384] Fabricatore AN, Crerand CE, Wadden TA, Sarwe DB, Krasucki JL. How do mental professionals evaluate candidates for bariatric surgery? Survey results. *Obes Surg.* 2006; 16(5): 567-573.

[385] Correas Lauffer J, García Blázquez V, Quintero Gutierrez del Álamo, FJ, Leira Sanmartín M. Tratamiento psicoterapéutico de la obesidad. Obesidad y Psiquiatría. Barcelona. Ed. Masson 2005.

[386] Ritz SJ. The bariatric psychological evaluation: a heuristic for determining the suitability of the morbidly obese patient for weight loss surgery. *Bariatric Nursing and Patient Care*. 2006; 1: 97-105.

[387] Huberman WL. One psychologist's seven-year experience in working with surgical weight loss: The role of the mental health professional. *Primary Psychiatry*, 2008; 15(8): 42-47.

[388] Tariq N, Chand B. Presurgical evaluation and postoperative care for the bariatric patient. *Gastrointestinal Endoscopy Clinical North America*. 2011; 21: 229-240.

[389] Lier HØ, Biringer E, Stubhaug B, Tangen T. The impact of preoperative counseling on postoperative treatment adherence in bariatric surgery patients: A randomized controlled trial. *Patient Education and Counseling*. 2012; 87: 336-342.

[390] Ashton K, Heinberg L, Windover A, Merrell J. Positive response to binge eating interventions enhances postoperative weight loss. *Surgery for Obesity and Related Diseases*. 2011; 7: 315-320.

[391] Martin de Oliveira V, Cardelino Linzardi R, Pinto de Azevedo. Bariatric Surgery. Psychological and psychiatric aspects. *Rev Psiq Clin*. 2004; 31(4): 199-201.

[392] Wadden TD, Sarwer DB, Lee HB. Psychosocial and behavioural status of patients undergoing bariatric surgery; what to expect before and after surgery. *Med Clin North Am*. 2007; 91: 451-469.

[393] Henrichkon M, Asthon K, Windeocer A, Heigberg L. Psychological considerations for bariatric surgery among older adults. *Obes Surg*. 2009; 19: 211-216.

[394] Wild B, Herzog W, Wesche D, Niehoff D, Muller B, Hain B. Development of a group therapy to enhance treatment motivation and decision making inseverely obese patients with a comorbid mental disorder. *Obes Surg*. 2011; 21: 88-94.

[395] Ogden J, Hollywood A, Pring C. The impact of psychological support on weight loss post weight loss surgery: a randomised control trial. *Obes Surg.* 2015; 25(3): 500-505.

[396] Poves Prim L, Macías G, Cabrera Fraga M, Situ L. Calidad de vida en la obesidad mórbida. *Revista Española de Enfermedades Digestivas.* 2005; 97(3): 187-195.

[397] Herpertz S, Kielmann R, Wolf AM, Langakafel M. Does obesity surgery improve psychosocial functioning? A systematic review. *International Journal of Obesity.* 2003; 27(11): 1300-1314.

[398] García-Lorda P, Hernández-González M, Blanco-Blasco JS, Figueredo R, Sabench-Pereferrer F, Balanzà-Roure R. Seguimiento postoperatorio de la obesidad mórbida: aspectos quirúrgicos y nutricionales. *Cirugía Española.* 2004; 75(5): 305-311.

[399] Bustamante F, Williams C, Vega E, Prieto B. Aspectos psiquiátricos relacionados con la cirugía bariátrica. *Rev Chil Cir.* 2006; 58: 481-485.

[400] Pérez HJ, Gastañaduy TM. Valoración Psicológica y Psiquiátrica de los Candidatos a Cirugía Bariátrica. *Revista Papeles del Psicólogo.* 2005; 26: 10-14.

[401] Montaño IL. Obesidad mórbida, psicopatología y cirugía bariátrica: Un reto de nuestros días. *Revista Psicología.com. Interpsiquis*, Colombia. 2008; 1-3.

[402] Camacho R, Escoto P, Mancilla D. Neuropsychological evaluation in patients with eating disorder. *Revista Salud Mental.* 2008; 31: 441-446.

[403] Vargas A, Rojas RM, Sánchez RS, Salin-Pascual R. Development of Bulimia nervosa after bariatric surgery in morbid obesity patients. *Revista Salud Mental.* 2003; 26: 28-32.

[404] Herpertz S, Kielmann R, Wolf AM et al. Do psychosocial variables predict weigth loss or mental health after obesity surgery? A systematic review. *Obes Res.* 2004; 12: 1554-1569.

[405] Vergouwen AC, Aajoud S, Van Wagensveld BA, Van Tets WF, Honing A. Effects of bariatric surgery not affected by psychiatric comorbidity: a systematic review of studies of morbility obese patients. *Ned Tijdschr Geneeskd*. 2009.

[406] Kini S, Herron DR, Yanagisawa RT. Bariatric surgery for morbid obesity. A cure for metabolic syndrome? *Med Clin North Am*. 2007; 91(6): 1255-1271.

[407] Stephanie E, Sanjeev S, Susan W, Rachel S, Sarah R, Raed H, Sagar V. Cognitive Behavioral Therapy for Bariatric Surgery Patients: Preliminary Evidence for Feasibility, Acceptability, and Effectiveness. *Cognitive and Behavioral Practice*. 2013; 20: 529-543.

[408] Leahe TM, Crowther JH, Irwin S. A cognitive-behavioral mindfulness group therapy intervention for the treatment of binge eating in bariatric surgery patients. *Cognitive and Behavioral Practice*. 2008; 15: 364-375.

[409] Sandra W, Dag A, Thanos P, Joanne D. Acceptance and commitment therapy for bariatric surgery patients, a pilot RCT. *Obesity Research & Clinical Practice*. 2012; 6: 21-30.

[410] Sherbourne CD, Stewart AL. The MOS social support survey. *Soc Sci Med* 1991; 32: 705-714.

[411] Revilla Ahumada L, Luna del Castillo J, Bailón Muñoz E, Medina Moruno I. Validación del cuestionario MOS de apoyo social en Atención Primaria. *Medicina de Familia*. 2005; 6: 10-18.

[412] Cano García FJ, Rodríguez Franco L, García Martínez J. Adaptación española del Inventario de Estrategias de Afrontamiento. *Actas Esp Psiquiatr*. 2007; 35(1): 29-39.

[413] Ben-Porath YS, Telleggen A. MMPI-2-RF (Minnesota Multiphasic Personality Inventory-2 Restructured Form) user´s guide for reports. Minneapolis: University of Minnesota Press. 2008. Adaptación española: Pablo Santamaría Fernández, 2009. Tea Ediciones.

[414] Hsu LK, Benotti PN, Dwyer J, Roberts SB, Saltzman E, Shikora S. Nonsurgical factors that influence the outcome of bariatric surgery: a review. *Psychosom Med*. 1998; 60(3): 338-346.

[415] Odom J, Zalesin K.C, Washington TL, Miller WW, Hakmeh B, Zaremba DL. Behavioral predictors of weight regain after bariatric surgery. *Obes Surg.* 2010; 20(3): 349-356.

[416] Magro DO, Geloneze B, Delfini R, Pareja B.C, Callejas F, Pareja JC. Long-term weight regain after gastric bypass: a 5-year prospective study. *Obes Surg* 2008; 18(6): 648-651.

[417] Powers PS, Rosemurgy A, Boyd F, Perez A. Outcome of gastric restriction procedures: weight, psychiatric diagnoses, and satisfaction. *Obes Surg.* 1997; 7(6): 471-477.

[418] Tolonen P, Victorzon M. Quality of life following laparoscopic adjustable gastric banding - the Swedish band and the Moorehead - Ardelt questionnaire. *Obes Surg.* 2003; 13(3): 424-426.

[419] Pessina A, Andreoli M, Vassallo C. Adaptability and compliance of the obese patient to restrictive gastric surgery in the short term. *Obes Surg.* 2001; 11(4): 459-463.

[420] Busetto L, Segato G, De Luca M, De Marchi F, Foletto M, Vianello M. Weight loss, postoperative complications in morbidly obese patients with binge eating disorder treated by laparoscopic adjustable gastric banding. *Obes Surg.* 2005; 15(2): 195-201.

[421] Kirchner T, Torres M, Forns M. El modelo de rasgos. Evaluación psicológica: modelos y técnicas. Barcelona: Paidós Ibérica. 1998. pp. 25-28.

[422] Cloninger S, Ortiz Salinas ME. Allport: Teoría personológica de los rasgos. Teorías de la personalidad. México: Pearson educación. 2003. p. 211.

[423] Wimmelmann CL, Delta F, Mortensen EL. Psychological predictors of weight loss after bariatric surgery: A review of the recent research. *Obes Res Clin Pract.* 2014; 8(4): 299-313.

[424] Stuerz K, Piza H, Niermann K, Kinzl JF. Psychosocial impact of abdominoplasty. *Obes Surg.* 2008: 18 (1); 34-38

[425] Burgmer R, Petersen I, Burgmer M, Zwaan M, Wolf, AM, Herpertz S. Psychological outcome two years after restrictive bariatric surgery. *Obes Surg.* 2007; 17(6): 785- 791.

[426] Guisado JA, Vaz FJ, Alarcon J, López-Ibor JJ, Psychopatological status and interpersonal functioning following weight loss in morbidly obese patients undergoping bariatric surgery. *Obes Surg.* 2002; 12(6): 835-840.

[427] Livhits M, Mercado C, Yermilov I, Parikh J, Dutson E, Mehran A et al. Is social support associated with greater weight loss after bariatric surgery?: a systematic review. *Obesity Reviews,* 2011; 12(2): 142-148.

[428] Canetti L, Berry EM, Elizur Y. Psychosocial predictors of weight loss and psychological adjustment following bariatric surgery and weight-loss program: the mediating role of emotional eating. *Int J Eat Disord.* 2009; 42(2): 109-117.

[429] Wing R, Jeffery R. Benefits of recruiting participants with friends and increasing social support for weight loss and maintenance. *Journal of Consulting and Clinical Psychology.* 1999; 67(1): 132-138.

[430] Esbec E et al. El modelo híbrido de clasificación de los trastornos de personalidad en el DSM-5: un análisis crítico. *Actas Esp Psiquiatr.* 2015; 43(5): 177-186

[431] Jonsson B, Bjorvell H, Lebander S, Rossner S. Personality triats predicting weight loss outcome in obese patients. *Acta Psychiatr Scand* .1986; 74: 338-337.

[432] Guisado JA, Vaz FJ, Rubio MA, López-Ibor JJ. Personalidad en mujeres con obesidad mórbida. *Psiquiat Biol.* 2001; 8: 9-10.

[433] Picot AK, Lilenfeld LR. The relationship among binge severity, personality psychopathology, and body mass index. *Int J Eat Disord.* 2003; 34: 98-107.

[434] Lahey BB. Public health significance of neuroticism. *Am Psychol.* 2009; 64(4): 241.

[435] Pontiroli AE, Fossati A, Vedani P, Fiorilli M, Folli F, Paganelli M et al. Post-surgery adherence to scheduled visits and compliance, more than personality

disorders, predict outcome of bariatric restrictive surgery in morbidly obese patients. *Obes Surg*. 2007; 17(11): 1492-1497.

[436] Van Hout GC, Verschure SK, Van Heck GL. Psychosocial predictors of success following bariatric surgery. *Obes Surg*. 2005; 15(4): 552-560.

[437] Zobel A, Barkow K, Schulze-Rauschenbach S, Von Widdern O, Metten M, Pfeiffer U. High neuroticism and depressive temperament are associated with dysfunctional regulation of the hypothalamic- pituitary-adrenocortical system in healthy volunteers. *Acta Psychiatr Scand*. 2004; 109(5): 392-399.

[438] Björntorp P. Do stress reactions cause abdominal obesity and comorbidities? *Obes Rev*. 2001; 2(2): 73-86.

[439] Kulendran M, Borovoi L, Purkayastha S, Darzi A, Vlaev I. Impulsivity predicts weight loss after obesity surgery. *Surgery for Obesity and Related Diseases*. 2017; 13(6): 1033-1040.

[440] Guisado Macías JA, Alarcón Domingo J, Vaz Leal FJ. Factores asociados a mala respuesta tras la cirugía en obesidad mórbida. *Rev Clin Esp*. 2003; 203(12): 589-590.

[441] Burton P, Smit J, Lightowler J. The influence of restrained and external eating patterns on overeating. *Appetite*. 2007; 49: 191-197.

[442] Elfhag K, Rössner S. Who succeeds in maintaining weight loss? A conceptual review of factors associated with weight loss maintenance and weight regain. *Obes Rev*. 2005; 6(1): 67-85.

[443] Stenbaek DS, Hjordt LV, Haahr ME, Worm D, Hansen DL, Mortensen EL et al. Personality characteristics in surgery seeking and non-surgery seeking obese individuals compared to non-obese controls. *Eat Behav*. 2014; 15(4): 595-598.

[444] Larsen JK, Geenen R, Maas C, Wit P, Antwerpen T, Brand N et al. Personality as a predictor of weight loss maintenance after surgery for morbid obesity. *Obes Res*. 2004; 12(11): 1828-1834

[445] Munro I, Bore M, Munro D, Garg M. Using personality as predictor of diet induced weight loss and weight management. *In J Behav Nutr Psys Act.* 2011; 23; 8: 129.

[446] Tsushima WT, Bridestine MP, Balfour JF, MMPI-2 scores in the outcome prediction on gastric bypass surgery. *Obes Surg.* 2004; 14: 528-532.

[447] Hayden MJ, Murphy KD, Brown WA, O'Brien PE. Axis I disorders in adjustable gastric band patients: The relationship between psychopathology and weight loss. *Obes Surg.* 2014; 24(9): 1469-1475

[448] Chau W, Schmidt H, Kouli W, Davis D, Wasielewski A, Ballantyne G. Patient characteristics impacting excess weight loss following laparoscopic adjustable gastric banding. *Obes Surg.* 2005; 15(3): 346-350.

[449] Powers PS, Perez A, Boyd F, Rosemurgy A. Eating pathology before and after bariatric surgery: a prospective study. *The international Journal of Eating Disorders.* 1999; 25: 293-300.

[450] Rowe JL, Downey JE, Faust M, Horn MJ. Psychological and demographic predictor os successful weight los following silastic rin vertical stapled gastroplasty. *Psychological Reports.* 2000; 86: 1028-1036.

[451] Capella JF, Capella RF, Bariatric surgery in adolescence: is the best age to operate? *Obes Surg.* 2003; 13: 826-832.

[452] Averbukh Y, Heshka S, El-Shoreya H, Flancbaum L, Geliebter A, Kamel S et al. Depression score predicts weight loss following Roux-en-Y gastric bypass. *Obes Surg.* 2003; 13(6): 833-836.

[453] Still CD, Benotti P, Wood GC, Gerhard GS, Petrick A, Reed M. Outcomes of preoperative weight loss in high-risk patients undergoing gastric bypass surgery. *Arch Surg.* 2007; 142(10): 994-998.

[454] Alger-Mayer S, Polimeni JM, Malone M. Preoperative weight loss as a predictor of long-term success fol- lowing Roux-en-Y gastric bypass. *Obes Surg* 2008; 18(7): 772-775.

[455] Franco J, Ruiz PA, Palermo M, Gagner MA. Review of studies comparing three laparoscopic procedures in bariatric surgery: sleeve gastrectomy, Roux-

en-Y gastric bypass and adjustable gastric banding. *Obes surg.* 2011; 21(9): 1458-1468.

[456] Tice JA, Karliner L, Walsh J, Petersen AJ, Feldman MD. Gastric banding or bypass? A systematic review comparing the two most popular bariatric procedures. *The American journal of medicine.* 2008; 121(10): 885-893.

[457] O'brien PE, McPhail T, Chaston TB, Dixon JB. Systematic review of medium-term weight loss after bariatric operations. *Obes surg.* 2006; 16(8): 1032-1040.

[448] Buchwald H, Oien DM. Metabolic/Bariatric Surgery Worldwide 2011. *Obes Surg.* 2013; 23: 427-436.

[459] Maggard MA, Melinda A et al. Meta-analysis: surgical treatment of obesity. *Annals of internal medicine.* 2005; 142: 547-559.

[460] Thereaux, J, Veyrie N, Corigliano N, Aissat A, Servajean S, Bouillot JL. Bariatric surgery: surgical techniques and their complications. *Presse medicale.* 2010; 39(9): 945-952.

[461] Kehagias I, Zygomalas A, Karavias D, Karamanakos S. Sleeve gastrectomy: have we finally found the holy grail of bariatric surgery? A review of the literature. *European Review for Medical and Pharmacological Sciences.* 2016; 20: 4930-4942.

[462] Abdelbaki TN, Huang CK, Ramos A, Neto MG, Talebpour M, Saber AA. Gastric aplication for morbid obesity: a systematic review. *Obes surg.* 2012; 22(10): 1633-1639.

[463] Bobowicz M, Lehmann A, Orlowski M, Lech P, Michalik M. Preliminary outcomes 1 year after laparoscopic sleeve gastrectomy based on Bariatric Analysis and Reporting Outcome System (BAROS). *Obes surg.* 2011; 21(12): 1843-1848.

[464] Gigante G, Martines G, Franco I, Capuano P, Memeo V. Short and médium term outcomes of laparoscopic sleeve gastrectomy: a single center experience. *Il Giornale di chirurgia.* 2014; 35(7-8): 200.

[465] Albanopoulos K, Tsamis D, Natoudi M, Alevizos L, Zografos G, Leandros E. The impact of laparoscopic sleeve gastrectomy on weight loss and obesity-associated comorbidities: the results of 3 years of follow-up. *Surgical endoscopy*. 2016; 30(2): 699-705.

[466] Jones KB, Deitel M. Guidelines for laparoscopic and open surgical treatment of morbid obesity. *Surg Endosc*. 2002; 16(7): 1120.

[467] Kaiser KA, Franks SF, Smith AB. The positive relationship between support group attendance and one year post-operative weight loss in gastric banding patients. *Surgery for Obesity and Related Disorders*. 2011; 7(1): 89-93.

[468] Elakkary E, Elhorr A, Aziz F, Gazayerli MM, Silva YJ. Do support groups play a role in weight loss after laparoscopic adjustable gastric banding? *Obes Surg*. 2006; 16: 331-334.

[469] Orth W, Madan A, Taddeucci R, Coday M, Tichansky D. Support Group Meeting Attendance is Associated with Better Weight Loss. *Obes Surg*. 2008; 18(4): 391-394.

[470] Sarwer DB, Wadden TA, Moore RH, Baker AW, Gibbons LM, Raper SE. Pre-operative eating behavior, post-operative dietary adherence, and weight loss after gastric bypass surgery. *Surgery for Obesity and Related Diseases*. 2008; 4(5): 640-646.

[471] Welch G, Wesolowski C, Piepul B, Kuhn J, Romanelli J, Garb J. Physical activity predicts weight loss following gastric bypass surgery: findings from a support group survey. *Obes Surg*. 2008; 18(5): 517-524.

[472] Bond DS, Phelan S, Wolfe LG, Evans RK, Meador JG, Kellum JM. Becoming physically active after bariatric surgery is associated with improved weight loss and health-related quality of life. *Obesity*. 2009; 17(1): 78-83.